5分鐘致富練習

每天一個小覺察，
預約財務自由的未來！

江季芸——著

目錄

好評推薦 … 10

前言　覺察財務缺口，跳脫窮忙人生 … 12

如何使用這本書？ … 16

Part 1　了解你的收支：致富前的暖身練習

01　你了解自己的收入和支出狀況嗎？ … 26
致富練習 #1　檢視每月收入 … 27
致富練習 #2　檢視每月支出 … 28
致富練習 #3　收支是否平衡？ … 30

02　你珍惜你的錢嗎？ … 31
致富練習 #4　建立變有錢的決心 … 32

Part 2　儲蓄：把錢留給未來的自己

03　為什麼總是存不到錢？ … 34
致富練習 #5　你是月光族嗎？ … 36

04　把自己擺第一，優先付錢給未來的自己 … 37
致富練習 #6　檢視每月儲蓄 … 41

05　持續增加儲蓄的比例 … 42
致富練習 #7　從小地方開始增加儲蓄金額 … 44

06　為個人和家庭編列預算 … 46
致富練習 #8　分析生活中的支出項目 … 49
致富練習 #9　制定預算列表 … 50
致富練習 #10　畫出預算圓餅圖 … 51

07	為什麼我們要記帳？	52
	致富練習 #11　思考記帳對你的意義	54
08	收支獨立的記帳法	55
	致富練習 #12　透過記帳觀察收支狀況	58
09	儲蓄的 6 大功能	60
	致富練習 #13　你在煩惱什麼？	62
10	緊急預備金：儲蓄的第一個目標	63
	致富練習 #14　你曾經歷意外事故嗎？	65
11	家庭計畫和個人願望基金	66
	致富練習 #15　寫下你的夢想或願望	68
12	讓生活增加餘裕和容錯率	69
	致富練習 #16　什麼活動能減輕你的壓力？	71
13	累積投資基金	72
	致富練習 #17　你想進行投資嗎？	74
14	為未來的人生預做準備	75
	致富練習 #18　你想過怎樣的退休生活？	77
	致富練習 #19　回顧你的發現和改變	79

Part 3　節流：成為聰明的消費者

15	找出隱藏在消費背後的原因	82
	致富練習 #20　你花錢時理性嗎？	84

16	未被滿足的欲望	85
	致富練習 #21　覺察自己的購物欲望	87
17	需要和想要、必要和非必要的區別	88
	致富練習 #22　你每天扮演哪些身分？	91
	致富練習 #23　你有哪些生活用品？	92
18	需要和想要的模糊界線	93
	致富練習 #24　你通常如何做選擇？	95
19	需要、欲望、需求，有層次的差別	96
	致富練習 #25　需求評估 3 步驟	99
20	量力而為的享受，才不會有負擔	100
	致富練習 #26　避免過度消費	102
21	提高預算的執行效率	104
	致富練習 #27　調整預算圓餅圖	106
22	提高花錢的效能	107
	致富練習 #28　判斷正常消費、浪費與投資	109
	致富練習 #29　你是哪種消費類型？	110
	致富練習 #30　觀察周遭人的消費行為	111
	致富練習 #31　改善生活壞習慣	112
	致富練習 #32　把錢花在值得的地方	113
23	促進經濟成長的推手	114
	致富練習 #33　可有可無的花費	116
24	聰明消費 5 步驟	117
	致富練習 #34　消費 5 步驟演練	120

25	買不停的人生	121
	致富練習 #35　讓你想花錢的情境	123
	致富練習 #36　強迫性購物傾向檢測	124
26	促銷活動有利有弊	125
	致富練習 #37　你無法抗拒哪些促銷活動？	127
27	是精打細算，還是貪小便宜？	128
	致富練習 #38　你會囤貨嗎？	130
	致富練習 #39　你有湊免運的習慣嗎？	131
28	拆解看似誘人的超值組合	132
	致富練習 #40　冷靜評估超值組合包	135
29	獲得群體認同的渴望	136
	致富練習 #41　結交金錢觀相近的朋友	138
30	為了消除壓力而購物	139
	致富練習 #42　別為了紓壓造成更多壓力	141
31	你知道自己在追什麼流行嗎？	142
	致富練習 #43　在能力範圍內追流行	144
32	難以婉拒的推銷攻勢	145
	致富練習 #44　別讓自己的錢包受委屈	147
33	找出節流的替代方案	148
	致富練習 #45　是什麼阻礙你改變？	151
	致富練習 #46　在生活做出微小調整	152

目錄

34	過度消費引發的囤積症	153
	致富練習 #47　檢視家中雜亂的角落	155
	致富練習 #48　被遺忘的囤積物	157
	致富練習 #49　估算白花了多少錢	158
	致富練習 #50　囤積症狀小檢測	159
35	信用卡與行動支付的優缺點	160
	致富練習 #51　聰明使用信用卡和行動支付	162
36	避免繳不出信用卡帳單	163
	致富練習 #52　你有卡債嗎？	166
37	使用簽帳金融卡，避免超支	167
	致富練習 #53　回歸真正的需求	169
	致富練習 #54　回顧你的發現和改變	170

Part 4　開源：為自己創造收入

38	開源是建立財富的基礎	172
	致富練習 #55　檢視你的收入來源	174
39	讓收入持續增加	175
	致富練習 #56　收入增加的幅度	177
40	創造雇主與員工的雙贏局面	178
	致富練習 #57　你喜歡現在的工作嗎？	180
41	主動爭取加薪	181
	致富練習 #58　掌握加薪的機會	183

42	尋找跳槽的機會	184
	致富練習 #59 你有跳槽的念頭嗎？	186

43	找出個人在職場可以發揮的優勢	187
	致富練習 #60 哪些事可以幫助升遷？	189

44	利用閒暇時間賺取額外收入	190
	致富練習 #61 適合你的兼職打工	192

45	在興趣領域挖掘潛在商機	193
	致富練習 #62 觀察周遭人的副業	195
	致富練習 #63 自由發想屬於你的副業	196

46	掌握市場趨勢，打造自己的事業	197
	致富練習 #64 你想創立什麼樣的公司？	199

47	持續學習，提升競爭力	200
	致富練習 #65 你想學什麼新事物？	202

48	檢視生活中的閒置物品	203
	致富練習 #66 覺察自己的囤積習慣	206
	致富練習 #67 拍賣用不到的物品	207
	致富練習 #68 回顧你的發現和改變	208

Part 5　投資：保護資產，讓財富增值

49	為什麼你想要投資？	210
	致富練習 #69 思考投資目標	212

目錄

50 巧婦難為無米之炊 　　　　　　　　　214
　致富練習 #70　累積更多資金的方法　　216

51 投資就像幫你的錢找一份工作　　　　217
　致富練習 #71　你的主動和被動收入　　219

52 投資資產，而非負債　　　　　　　　220
　致富練習 #72　檢視資產和負債　　　　223

53 常見的 8 種投資工具　　　　　　　　224
　致富練習 #73　你試過哪些投資工具？　230

54 準備投資的 7 大原則　　　　　　　　231
　致富練習 #74　投資前的功課　　　　　233

55 評估風險　　　　　　　　　　　　　234
　致富練習 #75　投資人的風險屬性評估　236
　致富練習 #76　你是什麼類型的投資人？242

56 錢再賺就有？　　　　　　　　　　　243
　致富練習 #77　檢視賺錢和賠錢的比例　245

57 短線操作 vs 長期投資　　　　　　　246
　致富練習 #78　你適合短線還是長期投資？249

58 慎防投資詐騙　　　　　　　　　　　250
　致富練習 #79　培養不受騙的敏銳度　　253

59 小額資金的長期複利　　　　　　　　254
　致富練習 #80　可進行投資的閒置資金　257

60	機會成本投資法	259
	致富練習 #81 將節流金額換算成零股	262
61	投資身心靈的健康	263
	致富練習 #82 覺察自己的身心健康	265
62	投資人際關係	266
	致富練習 #83 覺察自己的人際關係	268
	致富練習 #84 回顧你的發現和改變	269

Part 6　你的人生，由你掌握

63	彈性運用致富組合	272
	致富練習 #85 覺察你的優勢和劣勢	274
64	擬定人生目標	275
	致富練習 #86 寫下你的目標	278
65	取得家人的共識與支持	279
	致富練習 #87 和家人討論議題	281
66	富足人生操之在你手中	282
	致富練習 #88 回顧你的發現和改變	284

後記　打開財富覺知，前往豐盛未來　　　　　　　　　285

 # 好評推薦

「理財的順序若搞錯,你的理財之路會理到懷疑人生,例如:月初存錢,月底不夠,就回頭提領月初存的錢來用,陷入惡性循環的狀態。想要真正存到錢,最好的方式如同本書提到的,把錢留給未來的自己,以及設立儲蓄專用帳戶,對多數理財小白來說,這是一個很優秀的開始。本書的特點是手把手教學,初學者可以跟著作者的引導,一步步把財商建立起來。」

——A大(ameryu),《A大的理財金律》作者

「沒有人天生就是投資高手,致富的道路需要耐心與不斷練習。正如作者江季芸所說,『從簡到繁,打穩基本功』是成功的關鍵。看似一步一腳印的累積過程,堅持執行,未來的成果將會比你想像的更加豐盛。只要開始,就已經比停

滯更接近財務自由的目標。」

——吳宜勳，《自組 ETF，讓我股利翻倍的存股法》作者

「這本書以簡單且具啟發性的日常練習，引領讀者重新審視自己的金錢觀，並以實際行動打破財務困境。不僅適合理財新手，更是想穩固財務基礎者的最佳指南。透過這本書，將開啟屬於你的富足之門！」

——理白小姐 Elaine，理財作家

前言
覺察財務缺口，跳脫窮忙人生

從小到大，父母總是勉勵孩子要認真讀書，才能考上好高中、好大學，畢業後就有機會進入好公司。只要有了一份薪水高、福利佳的工作，未來就能安穩有保障，生活不愁吃穿，一輩子享受舒服的好日子。

正在閱讀這本書的你，現在幾歲呢？是 10 歲、20 歲、30 歲、40 歲、50 歲、60 歲，還是已經超過 65 歲了？

對於正值一二十歲的青少年，多數人尚處於求學階段，還無法檢驗父母的話是否為真。對於已經工作一段時間的二三十歲青壯年，你的月薪有辦法讓自己過得游刃有餘嗎？對於四十歲以上的中年人，相信你已經是職場的中堅分子，有了在社會上打滾的經驗，你能斬釘截鐵地回答，父母的話是正確無誤的嗎？如果答案是否定的，你有勇氣悖離嗎？你是否也擔心，如果不按照前人的話去做，應該怎麼做？

前言
覺察財務缺口，跳脫窮忙人生

也許你已經發現，即使在學校認真讀書，擁有好學歷、好工作，可以讓自己的生活有保障，但距離過上舒服無憂的日子，其實還有一段不小的差距。

根據人力銀行 yes123 求職網在 2024 年進行的「青年勞工甘苦談與人生夢想調查」指出，台灣「39 歲（含）以下」的青年勞工族群，把收入減掉支出後，有 37.4％ 的人達「收支平衡」，23.4％ 的人「收入大於支出」，39.2％ 的人出現「財務赤字」的狀況。有 23.2％ 的人表示自己是「零存族」，即沒有任何存款；有 73.3％ 的人表示自己有負債。其實，除了這群「青貧族」，其他年齡層的勞動者與上班族也普遍有窮忙的感慨。**「窮忙世代」似乎已經不再侷限於特定年齡層，而是一種共通的現象。**

你是否一拿到薪水後，東花西花，每到月底就瀕臨「吃土」的狀態？明明自認節儉、沒有四處揮霍，但就是存不到錢，資產處於接近零，甚至呈現負數的窘境？錢不夠用、存不到錢的這個狀況，並不是只會發生在小資族身上，不少中產階級也正面臨入不敷出的難題。

過去，我是大學的助理教授，擁有不錯的薪資待遇，也是所謂的中產階級。但是結婚後，買車、買房、育兒、給父

母孝親費、支應生活開銷等,年過四十歲才驚覺帳戶裡的存款也是少得可憐。每天忙得團團轉,卻沒有累積太多資產,也沒有因為努力工作而變得富有。

少子化的衝擊,讓校園招生人數逐年減少,如同一把火從幼兒園、國小、國中、高中一路往上燒,眼看再過幾年就要蔓延至大學端來了,在大學任教的我產生警覺心,下定決心投資理財,為往後人生另闢新財源。**我開始學習,調整自己的價值觀、金錢觀、消費模式,管理自己的金錢流向,在日常生活中同步進行理財與投資**,我的經濟因而獲得改善,並且讓資產以安全穩健的方式慢慢累積成長。

縱使過去我曾受過良好的金融財經相關教育,也擁有一份薪資優渥的工作,但我卻和大多數人一樣,過著左手進、右手出,近乎月光族的生活。

因此不管你現在是幾歲、每個月的薪水多少、擁有多少資產、學習過多少財經知識、投資經驗有多久,只要你意識到在財務上的成果不如預期,想要重新審視自己的財務狀況,這本書就很適合你拿起來,**閱讀、練習、採取行動、做出改變**。在往後的歲月裡,藉由調整某些金錢觀念、改變某些消費習慣,以及開始進行投資,讓自己踏上更富足的道

路,同時也讓下一代有機會擁有富裕的生活。

在金城武為電信公司拍攝的經典廣告中,有一句知名台詞:「世界越快,心則慢。」在這個講求效率的年代,我們必須以高倍速往前衝,卻又經常因為盲從而摔得鼻青臉腫、人財兩失。

這本書不是一夕致富的武林祕笈,反而是期待能讓讀者有機會放慢腳步,**重新思考投資理財的基本要義,在調整好致富的心態後,一步步邁向豐盛人生的習題**。你決定好再給自己一次歸零學習投資理財的機會了嗎?如果是,歡迎一起加入這趟旅程吧!

 # 如何使用這本書？

你是否看過紅極一時的《灌籃高手》？櫻木花道是個籃球門外漢,一開始懷抱著初生之犢不畏虎的熱情來打球,但是擺在眼前的實力差距,硬是讓這隻小牛(櫻木花道)遠遠追趕不上猛虎(流川楓)。

安西教練如何訓練櫻木花道呢?安西教練要櫻木花道在一週內完成練習投籃 2 萬次,要櫻木花道好好觀察流川楓的姿勢並盡可能模仿他,然後再進行 3 倍量的訓練。安西教練知道,打球沒有一步登天的妙方,縱使擁有天賦,依然需要扎實練好基本功。

從簡到繁,打穩基本功

老子《道德經》中有一句話:「萬物之始,大道至簡,

衍化至繁。」意思是宇宙萬物在一開始的時候，一切都是最原始、最簡單的，經過不斷演化才漸漸變得複雜。生活中不論是打球、投資理財或任何事物，都是從最簡單、最根本的做起，只要打好基礎，之後就有能力去開創拓展，實現個人的夢想。

所謂「巧婦難為無米之炊」，就算是手藝再好的主婦，沒有米就無法煮出一鍋飯。錢不是萬能，沒有錢卻萬萬不能。日常中的柴米油鹽醬醋茶、食衣住行育樂等需求，基本上都必須透過金錢交易取得。因此，為了讓生活可以正常運作，我們必須先有穩定的收入來源，再想辦法提高收入金額，增加其他收入管道。**大道至簡的第一個原則就是「開源」，也就是賺錢、增加收入。**

我們工作賺錢，本來就是為了滿足生活，享受美好的人生。我們只要有限的東西就能生活，但心裡卻總有源源不絕的欲望。所謂「需要有限、欲望無窮」，若不知節制地大肆消費，薪水很快就會消失殆盡，讓自己越來越「窮」，甚至入不敷出、產生負債。在滿足欲望之前，必須衡量自己的能力，量入為出，該花則花、當省則省，充分發揮金錢的價值與效用。**大道至簡的第二個原則就是「節流」，也就是以聰**

明消費的方式來滿足需求。

看著家裡養的寵物倉鼠在滾輪上奔跑的樣子，很療癒可愛。但在現實生活中，主人為了生存「賺錢→花錢→把錢花光→再賺錢→再花錢→再把錢花光……」，氣喘吁吁、無止境奔跑的疲累模樣，則一點都不可愛。

為了避免月底時發生捉襟見肘的情況，我們應該事先安排好每個月薪水（收入）的用途，編列預算。其中最重要的任務，就是先把一部分的薪水存起來，剩餘的再去支應日常所需的開銷。大道至簡的第三個原則就是「儲蓄」，也就是把薪水（收入）優先支付給自己。

有些人努力儲蓄，但無情的通貨膨脹卻讓貨幣貶值，導致存款的實際價值不增反減。唯有把儲蓄進行投資，也就是把金錢轉換成資產的形式，才能讓金錢保值，甚至達到增值的效果。俗話說「你不理財，財不理你」，但是「錯誤理財，人財兩失」，若用錯誤方法把辛苦賺來的錢給賠光了，就會落得人財兩失的下場。大道至簡的第四個原則就是「投資」，切忌貪快、貪婪、忽視風險與投機，做好功課再開始投資，確保資產能在安全的情況下穩健成長。

不是每個人都有機會成為億萬富翁，但只要願意在生活中落實「開源＋節流」及「儲蓄＋投資」這兩個致富組合，就能一步步改善個人與家庭的財務狀況。如此一來，對金錢的擔憂、恐懼、煩惱也能逐漸消失，擁有富足自在的生活。

原本「賺錢→花錢→把錢花光→再賺錢→再花錢→再把錢花光……」的循環模式，因為加入了儲蓄與投資，便有機會轉變為：「賺錢（開源）→花錢（節流）→儲蓄（優先支付給自己）→投資（累積資產）→賺錢（開源）→花錢（節流）→儲蓄（優先支付給自己）→投資（累積資產）……」新的循環模式。

「開源＋節流」及「儲蓄＋投資」看似普通，卻是穩定且有效的致富方法。只要賺越多、花越少、儲蓄越多、投資越多，財富就會逐漸增加，在這過程中，複利效果甚至還會讓資產倍增。

古代的巴比倫富翁指出，致富最重要的第一件事情，是要優先支付給自己（Pay yourself first.），也就是要先儲蓄。因此本書的章節會先討論「儲蓄」，再分別討論「節流」、「開源」及「投資」，最後再補充其他理財相關議題。

先讀概念，再著手練習

近年，投資理財的書籍、電視節目、YouTube 影音、Podcast、網路社群如雨後春筍般發展，不少人拚命閱讀、收聽、收看、加入討論，表面上雖然吸收了許多知識，但財富成長的績效卻不如預期，難免令人感到失落。這就像是學生時期，明明老師上課教的你都聽得懂，但是考卷一發下來，卻連題目都看不懂，更遑論解題。這就是為什麼除了課本，還有對應的習作本，目的就是要把硬邦邦的理論，轉化為可應用的知識。

大家常批判台灣教育是填鴨式教育，但離開學校後，在資訊爆炸的時代裡，很多人何嘗不是患了錯失恐懼症（Fear of missing out, FOMO），拚命「讀、看、聽」大量訊息。填鴨了這麼多資訊，真的有好好消化吸收嗎？還是盲目汲取資訊，目的只是為了讓自己感到安心呢？

投資理財的知識貴不在多或深，而在符合自己的需求，能學以致用。 因此，這本書會把基本的重要觀念分成不同主題，再拆解成獨立的小單元，**讓讀者先了解概念，接著再著手練習**。透過這樣的步驟拆解，看似困難的原理也會變得簡單。

你可能會問，一定要寫下來嗎？如果你發現自己過去「讀、看、聽」大量資訊，似乎只是走馬看花，沒有記住太多東西，生活也沒有太大改變，這次就提筆寫下來吧！每一個單元的練習，並不像學生寫習作是為了應付考試，這次的練習，是為了你自己而做的練習。

先閱讀一個金錢觀念，再根據提問，停下來和自己對話。檢視自己在過去或現在，內心深處擁有什麼樣的觀念與想法，而這些觀念與想法在無形中是如何引導出你的行為與反應，進而產生最後的結果。

透過這樣的練習，我們可以覺察出過去不曾發現的「觀念→行為→結果」模式，在每個人特有模式日積月累的影響下，最後導致了人與人之間的差距越來越大。因此只要找出原因，持續不斷練習，逐漸培養出新的習慣，就有機會朝富裕的人生方向前進。

我刻意將每個單元的篇幅設計得精簡，花個幾分鐘就可以完成，如果你想要多花一些時間思考，或是上網查找其他資訊後再寫也沒關係，願意多花些時間總是好事。有些單元的狀況你可能尚未遇到，或是不適用於你，要先跳過或之後再回頭寫也可以，或者，你也可以用想像的方式來回答。

有一些問題，你可能會對答案猶疑不定，就選擇當下最貼近你的那個感覺，未來想再修改也沒關係；當你寫到後面，想要回去修改前面的答案時，就用不同顏色的筆再寫一次。還有一些問題，目前的你可能還沒有做好面對它的心理準備，想要暫時逃避，那麼就先跳過它吧，不要讓它變成你持續練習的絆腳石，但是當你準備好的時候，一定要回來完成它。

有些問題的答案可能不只一個，如果你想依照不同情境寫出不同版本的答案，這會是不錯的方式。甚至你以前的想法、做法，和現在的想法、作法已大不相同，你也可以比較兩者，梳理自己心路歷程的轉變。等一兩年或數年後，再回頭翻閱這本書時，也有可能莞爾一笑，當年的自己怎麼會有這樣的想法。

你也許會和親友約定好一起進行練習，過程中你們的進度可能會有落差，或出現不同的答案。你們可以互相討論，找出一個共同的答案、做法；也能保持彈性，擁有各自的觀點。這是一個多元的世界，我們應該互相尊重，期待每個人都創造出符合自己需求的財務計畫。

這本書設定的主題及內容，目的是為了提供參考架構，

方便讀者有系統、循序漸進練習。有些觀念與理論可能會受到社會、風俗文化、城鄉區域、宗教信仰、家庭結構、同儕社群，以及個人的成長背景、經濟能力與價值觀等因素而略有差異，建議閱讀時可以保留一些彈性，做出更適合個人需求的判斷。

總而言之，**這本書是你與自己的對話，沒有放諸四海皆準的標準答案，每個人都是獨一無二的個體。**寫出你的觀點和應對的做法，你將會逐步建立自己的價值觀與金錢觀，而這些基礎將幫助你應對現實世界的挑戰。

讓致富成為生活的一部分

把這本書放在每天一眼就能看到的地方，每天花幾分鐘翻一翻、看一看、拿筆練習一下，久而久之它就變成一種習慣。如果今天時間很多、心情特別愉悅，想要一口氣做很多個練習也可以，進度超前的感覺其實是很棒的。如果某幾天很累、很忙，真的提不起勁來練習也沒關係，喘口氣隔天再開始，按照自己的進度與節奏來進行。**你是這本書的主人，好好享受過程的樂趣，最後的成果終將回歸於你。**

　　本書專門為常常不知不覺把錢花光、沒有建立正確金錢觀、缺乏投資理財觀念的小白設計，此外也適合已經有財經背景、但想要重溫基礎觀念的朋友。只要你想學習，不分男女、年齡、教育程度、經濟狀況，有興趣的人都適合閱讀。

　　本書將鎖定日常生活中的各式情境，找出隱藏其中的金錢議題。從最基礎的觀念出發，循序漸進地探索、學習與應用，**使你在不知不覺中，把投資理財自然而然融入生活，潛移默化出富思考、富腦袋，並以具體的行動達到富成果。**

Part 1
了解你的收支：
致富前的暖身練習

01

你了解自己的收入和支出狀況嗎?

許多人在月初領到薪水時,便下定決心這個月一定要存到錢。隨著日子一天一天過去,錢也一天一天花,轉眼間到了月底,才驚覺薪水也花完了。下個月領薪水時,再次立下要存錢的願望,然而日復一日、月復一月、年復一年,每個月的薪水都隨著時間大江東去,幾乎沒有存到錢。

為什麼會發生這種狀況?**因為我們常常會高估自己有多少錢,又低估自己花了多少錢**,特別是在不知不覺中,花了比自己想像中還要多的錢。你有沒有這樣的經驗:平常使用信用卡、行動支付,每一筆都是小額支出,收到帳單時才驚覺,怎麼這些小錢累積起來的金額竟然這麼多?原本很高興這個月銀行帳戶裡終於有餘額,可以把錢存起來了,結果卻必須把錢拿來繳信用卡費,儲蓄目標再度宣告失敗。

Part 1
01. 你了解自己的收入和支出狀況嗎？

Date：＿＿＿年＿＿＿月＿＿＿日

致富練習 #1 檢視每月收入

Q1. 你的主要收入很固定，還是起伏不定呢？

例如：我的主要收入是每個月的固定月薪，三節有獎金，獎金按照工作表現而定。

Q2. 你的主要收入來源是什麼？

例如：正職工作、接案工作、公司營收……

Q3. 你有其他的收入來源嗎？

例如：偶爾打工、網拍收入……

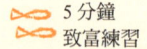
5 分鐘
致富練習

Date：＿＿＿年＿＿＿月＿＿＿日

致富練習 #2 檢視每月支出

Q1. 你每個月有哪些金額較大的固定支出項目，金額是多少？把你想到的每個項目列出來。

例如：房貸 30,000 元、房租 10,000 元、孝親費 8,000 元……

Q2. 你每個月有哪些金額較小的固定支出項目，金額是多少？把你想到的每個項目列出來。

例如：電信費 599 元、交通費 1,200 元、健身房月費 1,200 元……

Q3. 哪些費用不是每個月支出，但每隔一段時間就必須繳納呢？

例如：各類保險費、各種稅款、汽機車保養費……

Q4. 你每個月還有哪些日常生活支出，項目與金額是多少？

例如：伙食費、飲料費、生活用品費、治裝費、應酬費、菸酒等嗜好品……

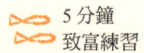

Date：＿＿＿年＿＿＿月＿＿＿日

致富練習 #3 收支是否平衡？

Q1. 你每個月的總收入金額是多少元？

Q2. 你每個月的總支出金額是多少元？

Q3. 你有存款嗎？有的話，大約是多少錢？

Q4. 你有負債嗎？有的話，大約是多少錢？

Q5. 你的財務狀況屬於哪一種類型呢？（請打勾）

02

你珍惜你的錢嗎？

一個真心喜愛花藝的園丁，對他所栽種的花草樹木，肯定會如數家珍、瞭若指掌。他會定時澆水、灌溉、施肥，還要修剪、除草、清理環境，盡可能讓花園維持在最好的狀態。

相反地，一個對花藝沒有興趣的人，縱使擁有一座花園，也會因為無心照料，而任由雜草叢生、荒蕪遍野。

你喜歡錢嗎？你愛錢嗎？你想要成為有錢人嗎？如果答案是肯定的，那麼你知道你有哪些收入來源，金額是多少？你有哪些金錢支出，金額是多少？你對金錢的來龍去脈、流進和流出，有辦法說明得一清二楚嗎？

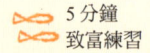

Date：＿＿＿年＿＿＿月＿＿＿日

致富練習 #4 建立變有錢的決心

Q1. 你是真心喜歡錢、想要成為有錢人嗎？

Q2. 如果是，致富練習 #1~#3 關於收入與支出的問題，你回答得出來嗎？

> 💲 如果答案模擬兩可或回答不出來，表示你言行不一，心裡想的和實際做的不一樣。你只是心裡「喜歡」錢、「想要」成為有錢人，但你並沒有付出真正的行動去「關心」你的錢。

Q3. 這樣的分析有讓你嚇一跳嗎？

> 💲 你並不孤單，並非只有你有這樣的問題，很多人也有一樣的狀況。但此時此刻，你要問問自己：「我願意為了成為有錢人而改變嗎？」命運掌握在你手中，面對人生關鍵的路口，勇敢選擇一條能讓自己更富足的道路前進吧！

Part 2

儲蓄：
把錢留給未來的自己

03

為什麼總是存不到錢？

大家都知道儲蓄很重要，但為什麼很多人每個月幾乎都把薪水花光光，淪為月光族呢？

由於每個月的薪水都花到見底，因此一般人的直覺便是，只要能賺到更多的錢或是想辦法加薪，便能把這些「多出來的錢」存起來。但事與願違，家庭開銷通常會不斷增加，而人類的欲望也會無限膨脹。**雖然收入增加了，但如果支出也同步增加，這些「多出來的錢」就無法存起來，是留不住的。**

原本的循環模式是：「賺錢→花錢→把錢花光→再賺錢→再花錢→再把錢花光⋯⋯」增加收入後，還是跳脫不出原本的循環模式：「賺錢→花錢→把錢花光→想辦法賺更多錢→再花更多錢→再把更多錢花光⋯⋯」

為了解決每個月都把錢花光、存不到錢的問題,我們就從「儲蓄」這個議題開始探討吧!只要找出存不到錢的原因,明白儲蓄不是一種犧牲,而是「把一部分的錢留給未來的自己」,並利用新的方法來進行儲蓄,在有動力、有目標、有方法的驅策下,就能把錢存下來了。

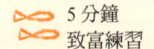

Date：＿＿＿年＿＿＿月＿＿＿日

致富練習 #5 你是月光族嗎？

Q. 你每個月都把錢花光光嗎？你屬於下列哪種狀況？

❏ 我每個月的收入＝支出，幾乎無存款。

❏ 我每個月的支出＞收入，不僅沒有存款，還有負債。

❏ 我每個月收入和支出差不多，但偶爾會有幾個月的收入＞支出，所以有一些存款。

❏ 我每個月的收入＞支出，有固定儲蓄的習慣。

💲 如果你已經養成儲蓄的習慣，非常恭喜你，這本書將會有一些小方法讓你的儲蓄繼續增加。如果你沒有存款，甚至還有負債，只要願意運用書中的方法做出改變，就有機會改變財務狀況，讓未來越來越好。

04

把自己擺第一，
優先付錢給未來的自己

在「賺錢→花錢→賺錢→花錢→賺錢→花錢……」的循環模式中，想要存錢的基本前提，是必須要有「剩下的錢」，所以儲蓄是處於一種「被動」的狀態，有剩餘的錢才有辦法儲蓄，沒有剩餘的錢就沒有辦法儲蓄。

先花錢、再存錢的順序，不容易成功。所以古代的巴比倫富翁教導大家，**要先存錢、再花錢**，把原本的順序調換過來。也就是當你一領到薪水或有收入進帳時，**就「先」把一部分的錢提撥出來，自己「主動」把它存起來**。由於你主動加入了儲蓄這個動作，便形成了「賺錢→儲蓄→花錢→賺錢→儲蓄→花錢……」的新循環模式。

不少人常哀號自己不想再這樣惡性循環下去了，想要跳

脫循環，你有沒有發現，這不就是一種「跳脫循環」、「斷除循環」的改變嗎？

一領到薪水或有收入進帳時，要先把一部分的錢優先付給自己！古代巴比倫富翁的建議是，先把10%的錢存起來，再用剩下的錢支付生活開銷。有些人可能會質疑，原本薪水的100%都不夠花了，存下10%後，薪水只剩下90%，有辦法過活嗎？

不知道你是否有這樣的經驗：突然飛來一筆必須花錢的意外，讓帳戶裡可用的錢頓時變少了。這時你只好這邊節省一點、那邊少花一點，最後還是勉強度過了那次的金錢危機。其實人擁有應變能力，當你遇到困難是具有彈性的，通常會根據帳戶裡還剩下多少可支配的金額，想辦法調整支出，讓生活可以撐過去。

要每個月自動自發把錢存起來，必須有堅強的恆心與意志力，因為除了不時會忘記，偶爾也會賴皮，或以各種理由來搪塞略過。最好的辦法，就是讓儲蓄以簡單、不費力、自動化的方式進行。

為了達到這樣的目標，每個月領固定薪資的上班族，可

以開設一個新的銀行帳戶,做為儲蓄的專門帳戶;再到薪水入帳的銀行,申請每個月發薪日的隔天,把預定的金額轉帳到你指定的儲蓄專門帳戶。之後每個月一發薪,就會啟動儲蓄的功能,達成自動存錢的任務。帳戶裡剩下來的錢,就是這個月可以花費的金額,你可以在這個額度裡分配各項支出的預算。

至於工作屬於兼職、打工、接案、生意買賣等,不是每個月固定收入的人,則可以準備一個專屬信封,在每次領到酬勞的時候,把10％的錢拿出來,放到信封裡。同樣要開設一個儲蓄專門帳戶,等累積到一定金額時,再把錢存到這個帳戶裡。

例如:領到1,000元,10％是100元,取出100元放進信封裡,剩下的900元再做為生活費。花1000元和花900元,其實沒有太大差異吧?如果領到10,000元,10％是1,000元,取出1,000元放進信封裡,剩下的9,000元做為生活費,花10,000元和花9,000元,其實也不會對生活造成重大影響。

以前想要把每個月花剩的錢存下來,卻總是失敗的月光族,必須認清「先花錢、再存錢」的模式是行不通的,不改

變的話，就只能在存不到錢的無限輪迴中打轉。**千萬別覺得把一部分的錢存起來是一種犧牲，為了讓自己跳脫過去的輪迴，你願意做出改變嗎？**已經有儲蓄習慣的朋友，恭喜你，請繼續保持下去哦！

Part 2
04. 把自己擺第一，優先付錢給未來的自己

Date： ___年___月___日

致富練習 #6 檢視每月儲蓄

Q1. 你每個月有在儲蓄嗎？

☐ 是。我每個月有固定儲蓄，金額是_____元。

☐ 是。我每個月會儲蓄，但金額不固定，大概介於_____～_____元。

☐ 否。我目前沒有儲蓄習慣，但如果從現在開始「優先支付給自己」10％收入的話，每個月的儲蓄金額應該是_____元。

☐ 否。我目前沒有儲蓄習慣。我是屬於收入不固定的族群，我願意從現在開始，每收到一筆錢時，就把10％的金額放到專屬信封裡。

Q2. 你有在儲蓄，並擁有一個專門做為儲蓄用途的銀行帳戶嗎？

☐ 是。太棒了，請維持儲蓄的良好習慣哦！

☐ 否。我預計___月___日去銀行，開立一個儲蓄的專門帳戶。

05

持續增加儲蓄的比例

當你開始儲蓄一段時間，慢慢適應把收入的10％存下來，用剩餘的90％金額支應日常生活所需的費用後，就可以繼續練習把儲蓄的比例往上增加至15％、20％。這樣就能為將來累積更多的資金，做為投資的用途。

然而，在收入不變的狀況下，必須以犧牲日常生活中的其他支出，縮衣節食、省吃儉用，才有辦法達到目的。一旦儲蓄變成一種壓力來源時，就會讓人陷入緊繃的狀態，反而容易導致失敗。

還記得致富組合包含了「開源＋節流」和「儲蓄＋投資」嗎？除了「節流」，我們還可以透過「開源」，也就是增加收入的方式，產生多餘資金來儲蓄。舉例來說，一個月

薪水 30,000 元，儲蓄 10％為 3,000 元，剩下來的可支配所得為 27,000 元；儲蓄 20％為 6,000 元，剩下來的可支配所得為 24,000 元。

但是，如果能努力讓每個月薪水提高為 40,000 元，或是透過兼差打工等方式，再多賺取 10,000 元的收入，此時，把 40,000 元的 30％儲蓄下來，將可以存到 12,000 元，而剩餘 70％的可支配所得則有 28,000 元（見圖表 2-1）。由此可發現，透過提高收入的辦法，不論儲蓄金額或可支配所得都能同步增加。因此若能讓「節流」和「開源」雙管齊下，將可以提升財富增加的速度哦！

圖表 2-1　提高收入，就能增加儲蓄金額或可支配所得

收入 30,000 元				收入 40,000 元	較優
儲蓄比率	10%	20%		儲蓄比率	30%
儲蓄金額	3,000	6,000	＜	儲蓄金額	12,000
可支配金額	27,000	24,000		可支配金額	28,000

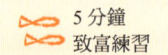

Date：＿＿＿年＿＿＿月＿＿＿日

致富練習 #7　從小地方開始增加儲蓄金額

只要賺越多（開源）、花越少（節流）、儲蓄越多、投資越多，財富就會逐漸累積，甚至可以善用複利效果來加速資產的成長。

Q1. 想想看，你能透過什麼方法來增加收入？有哪些是短期內就可以開始做的？

例如：短期來說，每週假日打工 4 小時，時薪 190 元。190 元 ×4 小時＝ 760 元。

Q2. 有哪些方法也許需要先努力一段時間，成果才會顯現出來？

例如：長期來說，考取○○證照，公司可以加薪 2,000 元。

Date：＿＿＿年＿＿＿月＿＿＿日

Q3. 想想看，生活中有哪些浪費的行為？如果進行改善，將可以省下多少錢？有哪些花費其實是可有可無的，就算不花也不會對生活造成影響？

例如：每週少轉一顆扭蛋，省下金額 100 元。

Q4. 透過以上的「開源」＋「節流」，每個月將可以增加多少的「儲蓄」金額？

例如：每週增加 760 元（開源）＋ 100 元（節流）＝ 860 元。一個月（4 週）可以增加的儲蓄總金額為 860×4 ＝ 3,440 元

你的試算金額：

06 為個人和家庭編列預算

為了避免把每個月的薪水花光光,我們已經開始練習優先支付給自己,也就是每個月一領到薪水,先把10％的薪水自動轉帳到專屬的儲蓄帳戶。父母經常告訴孩子,回家先把功課做完,剩下來的時間就能做自己想做的事情。優先把10％的薪水儲蓄起來也是類似的道理,把該存的錢先存起來,有了積蓄,內心就會比較踏實。

接著,再妥善分配剩餘90％的金錢,安排其用途,就能掌握生活中各種支出的情形,使財務狀況更健全。我們可以根據個人需求與家庭狀況等因素,分析生活中有哪些支出項目,再考量收入金額後,編列出合適的預算,例如:買車買房的基金或貸款支出、醫療保險、教育基金、家庭計畫基金等。至於應該包含哪些項目,以及金額比例應該如何安

排，並沒有標準答案或正確配置，每個人或家庭應當根據實際狀況進行規劃。

實際上要如何設定預算呢？**你可以用金額或百分比來設定預算。**一開始設定預算時，可能會不知道怎麼分配比較好，就算設定好了，試行幾個月後，也許會覺得有些項目的金額太多、有些項目的金額太少，**通常需要來回調整好幾個月，才能越來越接近理想的狀態。**

再來，**預算也並非固定不變**，例如：收入發生大幅變動時，就需要進行調整；家庭成員有異動時，也應該重新安排；像過年或子女放寒暑假等特定期間，生活型態暫時發生變化，這時也能略作調整。總而言之，預算是用來協助我們進行收支管理的工具，制定預算時應該保持一些彈性，才不會因為不符合實際情況，窒礙難行而放棄。下頁是兩種情況的預算分配範例（見圖表 2-2、2-3）。

雙薪夫妻要制定家庭預算的困難度比較高，除了要考量生活的許多層面，還需要有共同的金錢觀，也願意啟動投資理財的計畫。已婚的讀者，可以在閱讀完本書的內容，自己有比較完整的概念與想法後，再與另一半進行討論。目前先暫時以個人為主，設想自己的預算編列。

圖表 2-2　每月收入 80,000 元的雙薪小家庭預算表

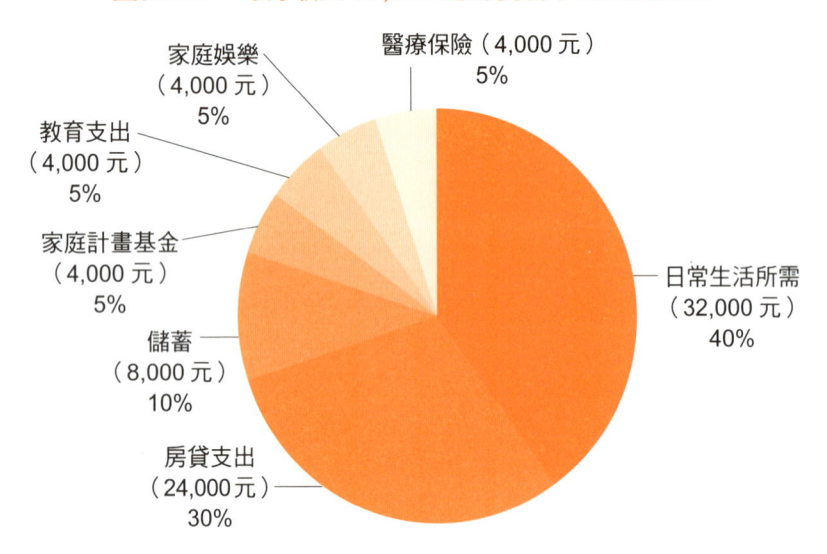

- 日常生活所需（32,000 元）40%
- 房貸支出（24,000 元）30%
- 儲蓄（8,000 元）10%
- 家庭計畫基金（4,000 元）5%
- 教育支出（4,000 元）5%
- 家庭娛樂（4,000 元）5%
- 醫療保險（4,000 元）5%

圖表 2-3　每月收入 36,000 元的單身小資族預算表

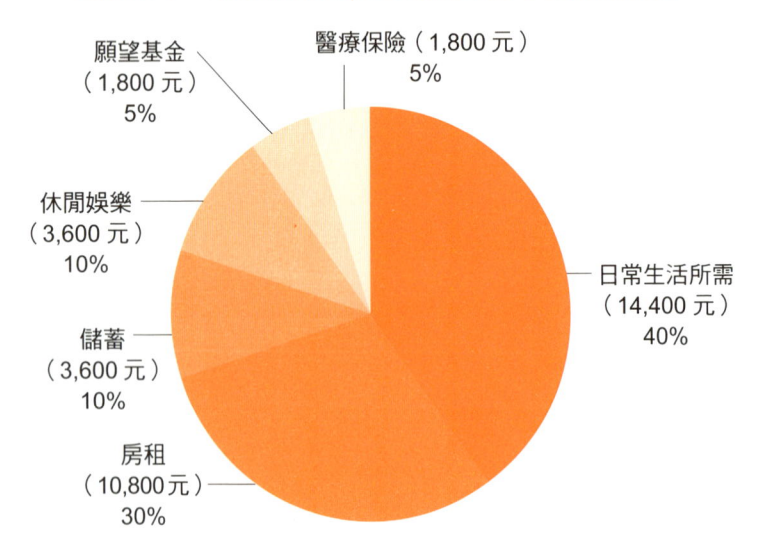

- 日常生活所需（14,400 元）40%
- 房租（10,800 元）30%
- 儲蓄（3,600 元）10%
- 休閒娛樂（3,600 元）10%
- 願望基金（1,800 元）5%
- 醫療保險（1,800 元）5%

Date： ＿＿＿年＿＿＿月＿＿＿日

致富練習 #8 分析生活中的支出項目

　　編列收支預算時，不需要列出所有支出細目並逐一列出金額。比較常見且容易執行的方法，是先分析生活中有哪些支出項目，再把相似的項目歸納至同一類別。最後，根據自己的收入與實際需求狀況，為這些重要類別安排合適的比例或金額。

Q. 你的日常生活中有哪些支出項目？你能為這些零零總總的項目，歸納出幾個比較重要的類別嗎？大致分成 **5 ～ 7** 個類別即可。方便起見，你也能把一些日常生活的基本開銷細項，合併為「日常生活開銷」的大項目。請根據重要性，依序列出你的預算項目：

預算項目	預算項目
1.	6.
2.	7.
3.	8.
4.	9.
5.	10.

5分鐘
致富練習

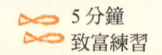

Date：＿＿＿年＿＿＿月＿＿＿日

致富練習 #9 制定預算列表

Q1. 你每個月的薪水／收入總金額是＿＿＿＿＿＿＿元。

Q2. 如果每個月優先支付給自己 **10％**，應該儲蓄＿＿＿＿＿＿＿元。
（**10％**只是最基本的建議，你也能自行提高儲蓄比例哦！如果從未儲蓄過，預算金額吃緊，也能從 **5％** 開始。）

Q3. 扣除掉儲蓄後，你打算如何安排剩餘金錢的用途？可以將金額換算成百分比，清楚知道各類項目所占的權重是多少。

預算項目	金額	比例%
1. 儲蓄		
2.		
3.		
4.		
5.		
6.		
7.		
8.		
9.		
10.		

💰 一開始在制定預算時，很難把類別、金額、比例設定得很精準。未來都可以視需要進行調整，過一段時間後會越來越有感覺，越來越得心應手！

Part 2
06. 為個人和家庭編列預算

Date：＿＿＿年＿＿＿月＿＿＿日

致富練習 #10 畫出預算圓餅圖

Q. 你可以根據致富練習 #9 的表格，把預算配置轉換成圓餅圖的形式嗎？

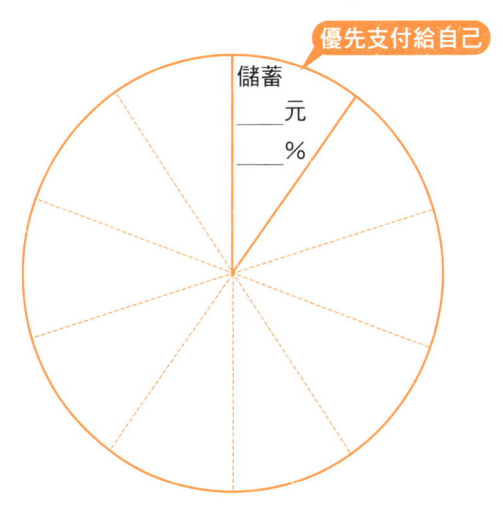

優先支付給自己

儲蓄
＿＿＿元
＿＿＿％

💲 這樣的練習雖然不太容易，卻可以讓我們有機會檢視自己的收入與支出情形。只要願意持之以恆地分析與調整，就能清楚掌控自己的收支狀況，讓財務越來越健全哦！

07

為什麼我們要記帳？

你知道自己每天都把錢花到哪裡了嗎？

編列預算，是為了安排薪水／收入的用途；至於記帳，則是為了記錄金錢的流向。你有哪些錢花掉了、花到哪些地方、買了什麼東西、金額是多少？有些人每天認真把所有消費明細與金額一筆一筆全部記下來，卻發現記下這些詳細的帳目，對財務狀況似乎沒有太大幫助。

培養記帳習慣，是投資理財不可或缺的重要基礎，但為什麼大多數人卻沒有因為記帳而改善財務狀況呢？這就像是所謂的「小和尚念經，有口無心」，住持在誦經時，小和尚只是單純跟著念誦，對於經文的含意一知半解，要等到進一步學習經文的內容，才能逐漸了解文字所蘊含的道理。

這就像不少人每天記完帳後,便把記帳本合起來放到一旁,隔天再拿出來記錄。日復一日的記帳本身並不有趣,如流水帳般密密麻麻的文字與數字,封存在記帳本裡不見天日。這樣的行為,不就彷彿是小和尚念經般,沒有太大的意義嗎?

為了讓記帳發揮效用,我們要做的是分析每一筆帳目背後所蘊含的意義。例如:在每個星期天的晚上或每個月的最後一天,開始檢視這一週或這個月,都把錢花在哪裡了?品項、價格、時間、地點,以及當時購買的動機與原因是什麼?哪些是例行、必要的支出;哪些是衝動購物;哪些東西可有可無;哪些東西買回家後才發現根本用不到⋯⋯。

如此一來,就有機會歸納出自己之所以想花錢的心理因素,找出經常誘發不理性消費的原因,慢慢地,就能發現自己的購物模式與消費習慣。透過這樣的記帳與分析,能夠釐清錢都不知道花到哪裡去的癥結點,進而採取因應對策與改善方法。最後,就能掌控收入的來源和支出的流向,從入不敷出進步到收支平衡,再到遊刃有餘的境界,讓財務狀況越來越健全。

Date：＿＿＿年＿＿＿月＿＿＿日

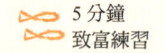

致富練習 #11 思考記帳對你的意義

Q1. 你知道自己每天花了哪些錢嗎？

Q2. 你有記帳的習慣嗎？如果有，記帳對你來說有什麼意義呢？如果你沒有記帳的習慣，為什麼你不想記帳呢？

Q3. 你能舉出一個今天花錢的項目與金額嗎？為什麼你需要花這筆錢呢？

08

收支獨立的記帳法

　　一般記帳的方法,是一有收入時,便登記到「收入欄」裡,「餘額欄」的金額就會增加;一有支出時,便登記至「支出欄」裡,「餘額欄」的金額就會減少。透過這樣增增減減的計算,讓自己知道當下的「餘額」有多少,也就是還剩多少錢可以花用。這種方法能夠幫自己控制預算,避免發生超支、透支的情形。

　　但我們也能以不同方式來檢視收支狀況,**把收入和支出分開來記錄,讓二者各自獨立出來,如此會更加一目了然。**一有收入時,就記錄該收入的明細(來源)和金額,把一筆筆的收入累加計算,這樣就能夠明白自己每個月有哪些收入,它們的來源與金額,加總之後,便明白自己每個月的總收入有多少錢。

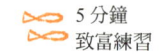

再來，也要記錄並累計每天發生的每一筆支出，這樣就能知道自己從月初的第一天，累積到當日已經花了多少錢。

為了對自己的花費更有覺知，還可以藉由分析自己究竟是如何花錢的，來進一步了解自己究竟是個什麼樣的人。為了達到這個目的，**我們可以在記錄時，把每一筆支出做更仔細的註記與分類**，例如：這筆支出應該被歸類在「正常消費」、「浪費」或「投資」，以及歸屬到你所設定的哪個預算類別呢？

要注意的是，**此處所指的「投資」，並非特定指股票、基金、房地產等財務性投資，而是指你所花的這筆錢，未來是否能對你產生效益或功能**。像是一套剪裁合身的套裝，可能有助於提升你在工作上的專業形象；一雙材質良好的運動鞋，可以保護你的雙腳，提升運動時的表現；在這種情況下，套裝和球鞋就能被歸類為投資。但是，點餐時明明知道一定吃不完這麼多東西，卻忍不住點很多，這些吃不完的餐點，就應該歸類於浪費，而非正常消費。

記帳的歸類沒有標準答案，但是你的內心一定會知道自己在進行歸類時，有沒有欺騙自己。只要捫心自問，覺察後的判斷就是合適的答案。此外，有些比較複雜或未曾有過的

消費經驗，也可以在備註欄寫下購買的原因和當時的心情，這些都是自己和自己的對話，藉由不斷梳理和分析，就能越來越了解自己的金錢觀，慢慢成為金錢的主人。

現在有許多人會運用軟體或 APP 來記帳，這些輔助工具讓人在記帳時更快速、更有效率。如果你已經記帳好一段期間了，但對實際的財務狀況卻沒有產生太大的幫助，可以嘗試致富練習 #12 的記帳表，以土法煉鋼的方法，把所有支出一筆筆記錄下來，讓自己靜心一段時間，細細感受、探究自己的消費模式。

等到未來你已經有能力管理自己的收支情形，就可以回歸使用軟體或 APP 來記帳。當然，過程中你也能同步使用這兩種工具，感覺一下用打字和用手寫的記錄，在心理上是否有不同的感受。

5 分鐘
致富練習

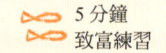

Date：＿＿＿年＿＿＿月＿＿＿日

致富練習 #12 透過記帳觀察收支狀況

一開始記帳會覺得麻煩，但久而久之就會越來越得心應手。透過這樣的紀錄，就能清楚自己的收支狀況，提升財務管理能力。以下有一般的收支表、獨立的收入表與支出表，請大家從今天開始進行練習，把收入和支出分開記，更能感受金錢流進和流出的狀況。

- **一般的收支表**：請把今天的收支狀況記錄下來。

日期	項目	收入金額	支出金額	餘額	備註

- **獨立的收入表**：請把這個月到目前為止的收入記錄下來。

日期	項目	收入金額	累計收入金額	備註

- **獨立的支出表**：請把今天的花費記錄下來（正常消費、浪費、投資，擇一欄勾選；預算類別請自行填入名稱）。

日期	項目	支出金額	正常消費	浪費	投資	預算類別	累計支出金額

09

儲蓄的 6 大功能

只要想到口袋空空、沒有存款,內心就會開始擔憂、恐懼,害怕不小心發生意外狀況,個人或家庭的經濟就垮了。**沒有儲蓄的人,內心會焦躁不安、起伏不定,有時也會自暴自棄、對未來失去希望**。徬徨急躁時,反而會失去理性判斷的能力,容易相信誘人的賺錢機會,因而上當受騙、蒙受巨大損失。有些人在走投無路的狀況下,向地下錢莊借錢,債滾債、越滾越大,陷入難以翻轉的困境。

你有沒有聽過類似這樣的話:「還好當時我手邊有一筆錢,不然就慘了。」「如果那時候我有積蓄,就不會淪落到這樣的下場了。」

儲蓄非常重要,具備 6 個主要功能:

1. 讓人產生安全感。
2. 做為緊急預備基金。
3. 為家庭計畫（購屋、購車、換新家電、家庭旅遊等）累積資金。
4. 讓生活增加餘裕和容錯率。
5. 做為投資基金。
6. 為無法工作、失去收入、未來退休等情況預做準備。

在面臨經濟問題時，能否順利度過難關，就在於當下有沒有儲蓄可以拿出來應急。

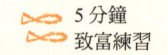

Date：＿＿年＿＿月＿＿日

致富練習 #13 你在煩惱什麼？

Q1. 對於未來，你是否有些煩惱或感到不安？

Q2. 錢雖然不是萬能，但你所有的煩惱中，有哪些可以透過金錢解決？

Q3. 面對這些能用錢解決的問題，也許你目前正是因為缺乏資金而無法立即處理。你願意開始努力累積金錢，讓自己有能力逐漸解決問題嗎？

> 💲 平時累積的儲蓄，可以讓人在發生問題時擁有更多資源來應對，無形中就會產生安定的力量，在生活中擁有安全感。

10

緊急預備金：
儲蓄的第一個目標

　　所謂「天有不測風雲，人有旦夕禍福」，像是發生重大車禍、生病住院、颱風、地震、火災等意外狀況，通常都需要龐大的應急資金。如果有保險可以理賠，尚能減輕經濟負擔，但若本身沒有保險，或是遇到其他非屬保險保障範圍，也非可以申請補助金的事故，就必須以自己的資金來應急。如果平時有儲蓄，就能迅速拿出錢來處理問題，但若籌不出錢的話，就會陷入財務危機。

　　根據台灣金融研訓院所進行的「2022 台灣金融生活調查[*]」，有將近 39.2％國人的儲蓄金額低於 2 個月的收入。此外，如果發生緊急狀況時，無法在一週內籌到 10 萬元的

---

[*] 資料來源：台灣金融研訓院「2022 台灣金融生活調查」https://web.tabf.org.tw/if/materialDetail?catId=11

人，也有將近 18.8％。這些都屬於金融風險抵抗力較差的族群，可能連維持基本生活開銷都略顯困難，一旦遭遇突發事件，例如：失業、生病住院、交通事故、重大意外等，就會讓生活陷入危機。

相反地，對於有準備緊急預備金的個人或家庭來說，遇到意外狀況時，由於有能力處理問題，因此能夠更好度過失業或生病的難關，這也是為什麼儲蓄可以增加安全感。

一開始存錢時，必須先以「緊急預備金」為目標，因為當個人或家庭有了緊急預備金做為後盾，就不會讓意外事件影響家庭經濟，家人的生活就可以在安全有保障的基礎下正常運作。那麼，應該存多少金額的緊急預備金呢？一般而言，**最好準備 6 個月，也就是半年的收入金額**，這樣當意外來臨時，就可以有比較長的緩衝期，讓個人或家庭有較好的應變彈性與空間。

當身上缺少一筆可以應急的閒置資金，無形中就會一直籠罩在沒有安全感的壓力下，久而久之也會對身心健康產生負面影響。**收入低、消費多、儲蓄少，通常是導致問題的主因**。若短期內很難找到增加收入的機會，就先從減少支出、提高儲蓄比例著手，逐步累積緊急預備金。

Part 2
10. 緊急預備金：儲蓄的第一個目標

Date： ___年___月___日

致富練習 #14 你曾經歷意外事故嗎？

Q1. 請回想一件你自己或父母、好友，曾經遭遇的意外事故。

Q2. 這件意外事故所需的應急金額是多少？

Q3. 當時你或父母、親朋好友，是從容地拿出錢來處理，還是四處籌錢，好不容易才湊齊這筆金額呢？

Q4. 你是否有為自己或家庭儲存緊急預備金？

Q5. 沒有的話，你打算如何開始儲存緊急預備金呢？

家庭計畫和個人願望基金

買房、買車都需要龐大的資金;添購電視機、冰箱、洗衣機、冷氣機等家電用品,也需要不少錢;海外旅遊、紅包禮金等,通常也是所費不貲。事先為這類支出累積資金,才能讓自己與家人享受更好的生活品質,並且留下美好的體驗與回憶。

我們應根據人生的不同階段及家庭成員的組成狀態,設想將來邁入各種時期,可能會面臨哪些經歷、花費與所需資金,預做人生規劃並儲存專屬的存款。有了「家庭計畫基金」為後盾,便能安心迎接家庭各個階段的重大資金需求,讓家人的生活更幸福、更美好。

至於單身的朋友,也能為自己的各種需求和夢想,例

如：添購 3C 產品、出國留學遊學、買房、結婚等，存下「願望基金」，讓自己在努力工作之餘，也能擁有想要的商品，有機會去體驗想要的生活，使人生更精采。

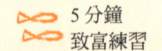

Date：____年____月____日

致富練習 #15 寫下你的夢想或願望

Q1. 你自己或家人有什麼願望或夢想嗎？

Q2. 這些願望或夢想，有哪些是透過金錢就可以達成？有哪些是除了金錢，還需付出特定的努力才能達成？

Q3. 為了實現這些願望與夢想，你打算如何累積資金與心力，往目標邁進呢？

12

讓生活增加餘裕和容錯率

會用到緊急預備金，通常是因為天外飛來一筆橫禍，來得又急又快，讓人措手不及，需要立即拿出一大筆錢來解決問題。家庭計畫基金或個人願望基金，則是為了實現將來的特定目標而準備的積蓄。至於柴米油鹽醬醋茶、食衣住行育樂，屬於一般的日常生活開銷，則是利用每個月的收入來支應。

為了賺錢生活，不少上班族都覺得自己像滾輪上的倉鼠，每天氣喘吁吁地奔跑，片刻不得閒，疲累不已。但若銀行帳戶中有多餘的儲蓄金，就能安心地休個假、看場電影、喝下午茶、來場小旅行，暫時放鬆身心、緩解緊繃的壓力後，再重回工作崗位上繼續打拚。

不管平常再謹慎、再小心，難免還是會出現疏失或失誤，例如：粗心把東西遺失、弄壞，買錯東西無法退貨，必須再重買一個新的，這類的失誤經常都需要付出金錢代價進行補救，不小心又多了一筆開支。對於收支處於完全打平的人來說，就如同把所有發電機都打開運轉，只要用電量突然超過了系統在正常情況下可提供之最大發電量，那麼就跳電了。

電力的儲能系統很重要，**人的儲蓄機制也很重要，有一筆儲蓄的資金在手邊，就有能力解決生活中出現的小意外，讓每天的生活都能規律運作。**

Part 2
12. 讓生活增加餘裕和容錯率

Date：＿＿＿年＿＿＿月＿＿＿日

致富練習 #16 什麼活動能減輕你的壓力？

Q1. 你是否覺得每天工作好累，卻不得不拖著疲累的身體去上班，因為擔心請假就會沒有收入或被扣薪水？

Q2. 有哪些休閒活動可以讓你紓解壓力？這些活動哪些需要花錢，哪些不需花錢？

💰 有多餘資金時，就能擁有更多選擇權。但在經濟不許可的情況下，請選擇不需要額外花錢的活動來放鬆。

5分鐘
致富練習

13

累積投資基金

　　美國投資思想家查理・蒙格（Charles T. Munger）曾說：「如果你努力量入為出，把存起來的錢拿來投資，時間久了自然會變富有。華倫・巴菲特（Warren Buffett）和我年輕時沒有錢，我們省吃儉用，存錢、投資。如果你能這麼做，最後一定會變得富有，這一點都不難。」[*]

　　雖然現在大家普遍開始有投資意識，知道光靠工作收入是無法致富的，還必須再加上適度的投資，才有機會讓財富累積成長。然而有些人似乎太過心急，恨不得馬上生出一筆錢來，然後立刻進行投資。這就如同還不會走路，卻想要跑

---

[*] 出自《蒙格之道：關於投資、閱讀、工作與幸福的普通常識》（*Mungerism*），查理・蒙格著。

步，甚至飛上天。

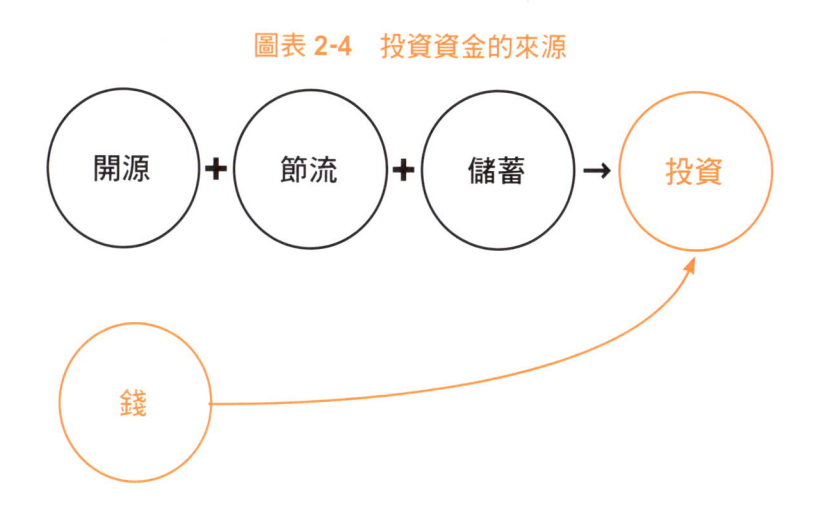

圖表 2-4　投資資金的來源

開源 ＋ 節流 ＋ 儲蓄 → 投資

錢

投資所需要的資金不會平白無故從天上掉下來，還是需要透過儲蓄來累積。開源（創造收入）再加上「節流、儲蓄、投資」（見圖表 2-4），這些道理看起來很簡單，但所謂的知易行難，知道是一回事，要做到又是另一回事。不少人看到這些原理就嫌麻煩，覺得如此一來人生處處受到拘束，因此不願開始執行，就算做了也常半途而廢。

在這個強調及時行樂的自由年代，若能夠堅持執行這些看似老派的方法，未來的人生就會變得不一樣。

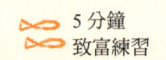

Date：＿＿＿年＿＿＿月＿＿＿日

致富練習 #17 你想進行投資嗎？

Q1. 你目前有在進行投資嗎？

☐ 有，我每個月都會把一部分的錢存起來，做為投資基金。

☐ 無，我目前沒有進行投資。

Q2. 你沒有進行投資的原因是什麼呢？（可複選）

☐ 缺乏資金

☐ 缺乏投資方面的知識

☐ 投資詐騙太多

☐ 長輩告誡不要投資

☐ 擔心風險

☐ 無法承受投資虧損

☐ 不知從何開始

☐ 其他：＿＿＿＿＿＿＿＿＿＿

💲 投資固然重要，但若不慎遭受損失，也會令人心痛不已。投資並非需要一大筆資金才能開始，小資族也能以小額資金、分散風險的方式進行，Part 5 會再進行介紹。

14

為未來的人生預做準備

你可能聽過伊索寓言〈螞蟻與蚱蜢〉的故事，蚱蜢每天唱歌嬉戲、不事生產，由於沒有為寒冬儲存糧食，飢寒交迫下，失去了寶貴的生命，這樣的結局令人不勝唏噓。相反地，螞蟻為了儲存糧食，日以繼夜、大汗淋漓，每天辛勤搬運食物，最終得以度過嚴峻的寒冬。螞蟻這樣的做法，其實也有點矯枉過正，已經不太適合現代講求工作與生活平衡的社會。

一心只為晚年生活而拚命工作，不敢有任何怠惰，錯過了生命中美好的體驗，這樣的生活不值得稱許；然而過著及時行樂、今朝有酒今朝醉的日子，把所有收入全部花光光，一旦突然失去工作或年老退休時，也可能淪落身無分文、窮困潦倒的下場。

我們工作賺錢,本來就是為了過上好生活,為了滿足日常所需,同時為晚年生活預留一筆可以安享餘年的財富,需要在年輕時就開始從長計議,如此一來,才能愉快迎接退休後的人生。

Date：＿＿＿年＿＿＿月＿＿＿日

致富練習 #18 你想過怎樣的退休生活？

Q1. 你身邊有哪些長輩退休後，因為有充裕資金而過著悠閒的生活呢？

Q2. 你身邊有哪些長輩因為退休金不足，過著不安穩的日子呢？

Q3. 你希望幾歲退休呢？預計需要多少資金，才能擁有理想的退休生活呢？

5 分鐘
致富練習

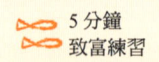

Q4. 你打算如何為退休資金做準備呢?

Part 2
14. 為未來的人生預做準備

Date：＿＿＿年＿＿＿月＿＿＿日

致富練習 #19 回顧你的發現和改變

恭喜你已經完成〈儲蓄：把錢留給未來的自己〉這一章節的所有練習了！請嘗試回答以下問題，回顧這個單元的內容：

有哪些觀念是你過去未曾發現的？	有哪些觀念是你早就知道，卻遲遲沒有付諸行動？
有哪些部分是你現在就可以開始執行，做出改變的？	請寫下你的練習心得與感想。

Part 3

節流：
成為聰明的消費者

15

找出隱藏在消費背後的原因

　　人類並非光靠陽光、空氣、水就能存活,還需要其他食物補充養分。除了維持身體機能正常運作,我們還需要衣服、住所、交通、教育、娛樂、社交等不同類型的商品與服務,讓生活更舒適便利。

　　同樣都是為了健康與生活,有些人需要大肆消費、追求物欲享受,認為這才稱得上值得擁有的人生。對於家財萬貫、很會賺錢的人來說,這樣的消費能力對個人或家庭財務是不會造成負擔的。

　　然而,社會上絕大多數的人,都是屬於經濟能力有限的族群,若沒有妥善安排金錢用途,任意揮霍的話,很快就會面臨入不敷出的問題。為了維持生活,我們本來就需要消

費，但不要讓自己物欲高漲、不知節制，也不要成為一毛不拔的鐵公雞。

有時，我們會不小心陷入商業誘惑，發生不理性的消費行為；或是感受到來自同儕的無形壓力，購買超出自己財務能力的東西；甚至來自於無意識的心理因素，而不自覺地買買買……這些未曾仔細思考過的消費原因，都很值得進行探討，這將有助於讓自己未來的財務狀況更健全。

所謂該花則花、當省則省，只要事先安排好金錢預算，知道自己究竟都把錢花到哪裡，了解花錢背後的原因是什麼，如此一來就能成為聰明的消費者，善用金錢自在生活。接下來，就讓我們進入〈節流：成為聰明的消費者〉這個重要議題吧！

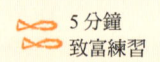

Date：＿＿＿年＿＿＿月＿＿＿日

致富練習 #20　你花錢時理性嗎？

Q1. 你覺得自己算是一個理性的消費者嗎，為什麼？

Q2. 在什麼狀況下，你花錢時會比較理性？在什麼情況下，你花錢會比較不理性？

Q3. 你會把每個月的薪水（收入）做好預算分配，還是賺多少就花多少呢？

Q4. 在大多數的情況下，你能克制自己的花錢欲望嗎？

16
未被滿足的欲望

　　還記得小時候看到商店裡琳瑯滿目的商品，總是目不轉睛嗎？每個東西看起來都好吸引人、好想要，此時就會聽到父母說「這個東西用不到、不需要」，但有時幸運一點，父母會說「那就選一個吧」，這時我們就陷入天人交戰的局面了，只能買一個，那到底要選哪一個呢？

　　你是否有前述的經驗呢？有些人因為小時候的購買欲望經常被壓抑，長大後自己開始賺錢、父母管不著了，看到喜歡的東西便毫不手軟地買下去，在補償心態的作用下，無形中產生了報復性的消費行為。「小孩才做選擇、大人統統都要」、「錢沒有不見，只是變成自己喜歡的東西」、「僅此一檔，錯過機會不在」……每天接觸這類行銷宣傳標語，要保持理性還真的不太容易。

於是，看到想要的東西，即便目前好像還不需要，就安慰自己未來有一天一定會用到。對於非必要的東西，也硬是幫它想個正當的理由，先下手為強，買了再說。

有些人在**體驗自由購物一段時間後，發現銀行帳戶裡面的餘額，也隨著消費支出的增加而大幅減少**，因此有所警覺，並開始節制自己的購物欲望。然而，有些人的欲望卻像無底洞般，家裡因此堆滿各式各樣物品，不僅影響生活品質，也對個人經濟造成影響。

花錢享受生活本是天經地義的事，但若能謹慎評估後再購買，不僅能滿足欲望，還能兼顧自己的能力，讓財務狀況更健全。

Part 3
16. 未被滿足的欲望

Date：＿＿＿年＿＿＿月＿＿＿日

致富練習 #21 覺察自己的購物欲望

Q1. 小時候，父母總是能滿足你的購物欲望嗎？

- ☐ 是，我的父母是有求必應型，我想要的東西，他們幾乎都會買給我。
- ☐ 否，看狀況，有些會買，有些不會。
- ☐ 否，我的父母幾乎都是回絕我。

Q2. 你認為父母當時的回應是合理居多，還是不合理居多？

_____
_____
_____

Q3. 你覺得自己的購物欲望，有受到小時候經驗的影響嗎？

_____
_____
_____

Q4. 成年後的你，對於購物欲望會感到自責嗎？（如果會感到自責，別擔心，這本書會引導你練習如何梳理購物欲望。）

_____
_____
_____

17

需要和想要、必要和非必要的區別

我們每天都會使用到各種商品與服務,有些是不可或缺的,有些是可以替代的,有些是可有可無的,有些甚至是不需要的。表面上,我們好像需要非常多的東西才能存活,但其實只需要比想像中還少的東西就足夠了。

為什麼我們會花錢買這麼多的東西?因為人的欲望會不斷增加,如果只因為喜歡這個東西、想要那個商品,不去判斷這些東西究竟是必要的或非必要的,便會不加思索把東西都買下來。

不是只有小孩分不清楚需要和想要,就算是大人也難免會失去理性,誤把「想要」當成「需要」。

簡單來說,「需要」是指某個特定的角色、在某種特定

的情境下，必須使用某些特定物品，才有辦法執行（完成）某些活動或任務。因此，只要是過程中不可或缺的東西，就能判定為需要。例如：學生上學需要制服、皮鞋、運動服、球鞋、書包、文具用品、課本、參考書等，缺了就無法學習或影響學習效果的東西，就是屬於「學生上學的必需品」（需要且必要）。

反之，一個學生想要帶餅乾、糖果、玩具去學校，因為這些東西和學習無關，所以就是「學生想要的非必需品」（非需要且非必要）；但如果班上要舉辦同樂會，餅乾、糖果、玩具就會變為「活動的必需品」。由此可知，即便是同一個東西，在 A 場合裡是「必需品」，在 B 場合裡卻可能是「非必需品」，我們必須保持彈性，並以理性角度評估。

當學生放學回到家裡時，他的身分轉變為「小孩」，需要居家便服、室內拖鞋、個人衛生用品、寢具等家庭生活用品；當他假日與同學外出遊玩時，在這樣的情境中又會產生不同的需要。**因此一個人會因為所在場景的不同，而有不同的需要。**

一個人每天會切換不同角色，出現在不同場合，執行不同任務或參與活動，面對不同的人事物與情境，這也難怪人

們生活中需要這麼多東西。

但仔細分析後,有些東西雖然只能在特定場合使用,有些東西卻可以在不同場合使用;有些東西只用得到一次,或久久才使用一次,有些卻常常用到,甚至買一次就可以用很久;有些東西是個人用品,有些是團體共用;有些東西必須用買的,有些東西可以用租借的;有些東西可以買新的,也能買二手的;有些東西不同品牌的價格落差很大,有些則是價格區間都差不多。

在這個大千世界中,每天都會出現許多誘惑,究竟這些誘惑是需要還是想要,是必要還是非必要,時時刻刻考驗著我們。在成為聰明的消費者之前,我們先進行一些練習吧!

Part 3
17. 需要和想要、必要和非必要的區別

Date：＿＿＿年＿＿＿月＿＿＿日

致富練習 #22 你每天扮演哪些身分？

Q1. 你生活中扮演著哪些不同的身分（角色）呢？請把它們寫在下圖的圓圈中。

例如：○○餐廳的廚師、○○的先生、○○的爸爸、○○的兒子、○○的家教老師……

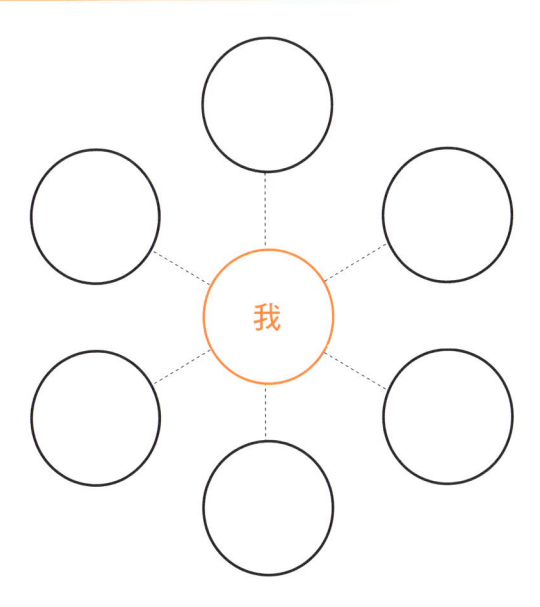

（我）

Q2. 在這些身分（角色）中，你的主要身分（角色）前三名依序是什麼？

1. _____

2. _____

3. _____

91

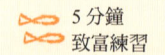

Date：＿＿＿年＿＿＿月＿＿＿日

致富練習 #23 你有哪些生活用品？

Q1. 請列出在你眾多的身分（角色）中，需要使用到哪些東西？

例如：手機、機車、筆記型電腦、皮鞋、咖啡⋯⋯

☐	☐	☐
☐	☐	☐
☐	☐	☐
☐	☐	☐
☐	☐	☐
☐	☐	☐
☐	☐	☐

Q2. 寫完後，請在使用頻率高的東西前面格子打勾（✓），使用頻率低的東西前面格子畫上三角形（△）。

> 使用頻率高的東西，在有充足的資金預算下，可以購買功能或品質較好的商品。雖然價格可能會貴一些，卻比較耐用，不容易故障、損壞，反而可以省下經常換新的花費。使用頻率低的東西，可以考慮用租借的方式取得。如此一來，使用完畢就不用再花心思去管理和儲藏這些物品。

18

需要和想要的模糊界線

假設有一個人平常根本用不到鉛筆,卻被一枝外觀很漂亮的筆吸引而想購買,我們很容易就能判斷出這是想要,而非需要。或是另一個人已經有許多枝自動鉛筆,書寫的功能都很正常,只是出於喜新厭舊,想要再買新的筆,在這種狀況下,我們也能判斷出這是想要,而非需要。

通常最不容易區分需要和想要的情況是:一個人的自動鉛筆壞了,所以再買一枝新筆對他來說是需要,而非想要。當他走進書局時,貨架上陳列著琳瑯滿目、各種款式的自動鉛筆。最基本的款式只要二三十元,比較高檔的筆則可能來到兩三百元,面對這樣的狀況應該如何選擇?一枝二三十元的筆,已足以發揮書寫的功能,但真正吸引我們目光的,卻是那比較昂貴、高級的筆。

這就是需要和想要界線最模糊的地方，因為你已經擁有一個「需要」的正當理由，但你能否毫無顧忌、理所當然選擇你「想要」的那個選項呢？**關鍵在於你的經濟狀況，你是否負擔得起你想要的東西。**當你有這筆預算時，想要就等於需要了；但預算不足的話，這個想要就達不要需要的標準，必須退而求其次，降低內心想要的水準。

Date：＿＿＿年＿＿＿月＿＿＿日

致富練習 #24 你通常如何做選擇？

Q1. 你在買東西時，會去查看標籤上的價格嗎？

Q2. 當你發現自己喜歡的品牌（款式），價格比其他類似商品貴很多時，你通常會如何做選擇？

Q3. 你能區分需要和想要這兩者的差異嗎？

19

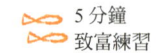

需要、欲望、需求，有層次的差別

我們常把「需要」(need)、「欲望」(want)、「需求」(demand)這三個名詞替換使用，但若從行銷管理的角度來看，它們隱含著不同的意義，而且在層次上是有差異的。

「需要」是指出現了不足的狀態，或面臨了有待解決的問題，例如：吃、喝、拉、撒、睡等生理需要，或是希望獲得安全感、愛、尊重等心理感受等。舉個例子，飢腸轆轆的時候，就會想要吃些東西來解決飢餓的問題，滿足口腹之欲。

「欲望」則是要以什麼方式來滿足或解決，由「需要」所引發出來的狀況或問題。例如：當一個人感到肚子餓時，就會想要吃些東西，這時腦海中就浮現出了許多食物畫面，

有滷肉飯、雞腿飯、牛肉麵、水餃、牛排、義大利麵、拉麵、披薩、香雞排……甚至是五星級飯店的自助餐。

「需求」則是指一個人的經濟能力，足以負擔得起的購買行為。也就是在眾多的欲望選項中，唯有購買力做為後盾，當你能付出錢來買下它的時候，欲望才會進一步成為真正的需求。例如：有些人在月初剛領到薪水時，因為錢很多所以出手闊綽，花錢吃五星級飯店的自助餐，結果到了月底時因為薪水所剩無幾，只好吃泡麵充飢。

在經濟學中，假定其他條件不變，消費者在面對某產品的既定價格下，願意且能夠購買的數量，稱為「需求量」。相對地，假定其他條件不變，廠商在面對產品的既定價格下，打算出售的數量，則稱為「供給量」。

基本上，價格會影響消費者的購買意願和廠商的銷售意願。在特定價格下，如果市場中的需求量剛好等於市場中的供給量時，就達到了價格和數量維持在一個市場均衡的穩定狀態。這就是我們常聽到的，藉由供給與需求這雙「看不見的手」，來達成資源的有效配置（見圖表 3-1）。

透過這樣的說明，可以讓我們了解市場供需、價格、數

量的形成原理。更重要的是，**了解「需求」是指在特定價格下，消費者「願意且能夠購買的數量」，它必須建立在經濟能力的基礎上。**

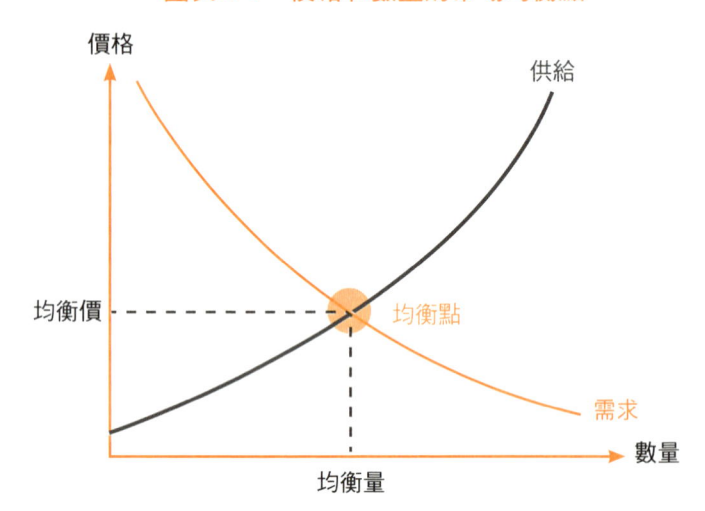

圖表 3-1　價格和數量的市場均衡點

Part 3
19. 需要、欲望、需求,有層次的差別

Date：____年____月____日

致富練習 #25 需求評估 3 步驟

Q1. 以下是需要、欲望、需求 3 個層次的意義和範例。

需要（need）	欲望（want）	需求（demand）
肚子餓	吃什麼？ → 便當、義大利麵、牛排、吃到飽……	買得起、負擔得起 →便當

Q2. 請你以手機壞了,「需要」再買一台新手機做為練習,寫出你的「欲望」（想買哪些手機？）,然後實際評估自己的經濟狀況,分析你真正負擔得起的品牌（款式）有哪些？這些選項才能進一步晉升為「需求」。透過這樣的練習,未來當你買東西時,就知道如何先評估自己的能力,再做出購買決策。

需要（need）	欲望（want）	需求（demand）
手機壞了 →需要買一台手機	你心中希望購買哪些品牌（款式）的手機呢？	你目前買得起、負擔得起的選項有哪些？ 你最後的選擇是：

99

20

量力而為的享受，才不會有負擔

　　隨著時代進步，許多產品與服務不斷改良與創新，讓人們可以享受舒服的生活。我們工作賺錢，目的就是為了讓自己與家人過上好日子。雖然擁有更多物質似乎可以讓人更滿足，但其實我們只需要適量的東西，便能維持正常生活。

　　廠商投放大量的廣告、親友在社群媒體分享吃喝玩樂的照片、電視播報明星網紅奢華日常的新聞、街坊鄰居與同事朋友的攀比對談等，人們每天在誘惑訊息的搧風點火之下，不自覺被觸發出想擁有更多的渴望。有些自制力比較差的人，心中欲望的野火蠢蠢欲動，衝動消費的念頭就如同野火燒不盡、春風吹又生。

　　所謂的「需要有限、欲望無窮」，為了滿足無止境的

欲望而不停購物的話，就會不斷花錢、支出，每個月都把薪水花光光，最後的下場當然就是變「窮」了。若是用信用卡預支消費、只繳最低應付金額、以循環利息方式還款，甚至預借現金、用借貸來滿足更多欲望，就會步入債台高築的下場，讓自己陷入負債的惡性循環。

每當心中浮現購物念頭時，要問問自己真的「需要」它嗎？而在這些無止境的「欲望」中，又有哪些是我負擔得起的「需求」呢？把「需要→欲望→需求」這 3 個層次的原則謹記在心，衡量自己的經濟能力，量力而為消費，才不會造成負擔，也不會排擠掉生活其他重要事務所需的資源。

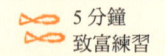

Date：＿＿＿年＿＿＿月＿＿＿日

致富練習 #26 避免過度消費

Q1. 你身邊是否有那種明明收入普通，卻出手闊綽，經常大肆消費的朋友？

Q2. 他們是否常在月底上演哭窮、吃土的戲碼呢？

Q3. 如果他們有富爸爸和富媽媽的經濟援助，當然可以持續這樣的生活。如果沒有，你知道他們是用什麼方法來解決入不敷出的問題嗎？

Q4. 你是否也經常陷入過度消費的狀況？如果是，你能想出一些避免過度消費的方法嗎？

_____

_____

_____

_____

_____

21

提高預算的執行效率

在分析每個月的支出狀況時,應該把原先設定好的預算分類拿出來(可以回顧你在致富練習 #9 製作的預算編列表),並把它和你的實際花費金額進行比較。分析造成落差的原因有哪些,之後花錢時進行修改、調整,這樣就能讓預算分配越來越準確。

當你有能力按照原定計畫,把錢花用在不同的指定用途(預算類別)時,意味著你預算執行是有「效率」的,達成「把事情做好」的目標。能順利完成預算任務,這對大多數人來說,已經是一項非常棒的成就了。

例如圖表 3-2,上方是某人原先編列的預算計畫,下方則是預算實際的 2 種執行狀況。我們可以發現,下方左圖的

各項比例和原定計畫大致相同，因此預算執行效率是比較好的；下方右圖的各項比例和原定計畫差異比較大，因此預算執行效率是比較差的。

圖表 3-2　不同預算執行效率造成不同影響

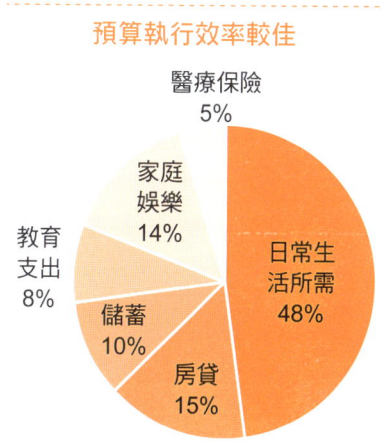

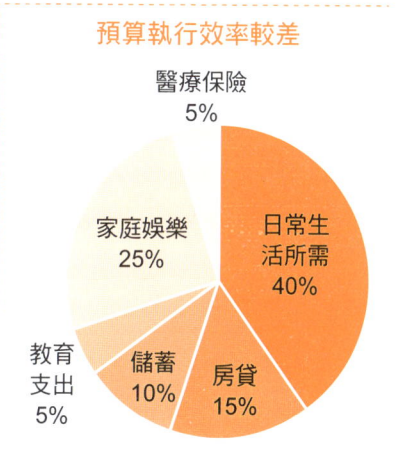

- 醫療保險 5%
- 家庭娛樂 10%
- 教育支出 10%
- 儲蓄 10%
- 房貸 15%
- 日常生活所需 50%

預算執行效率較佳
- 醫療保險 5%
- 家庭娛樂 14%
- 教育支出 8%
- 儲蓄 10%
- 房貸 15%
- 日常生活所需 48%

預算執行效率較差
- 醫療保險 5%
- 家庭娛樂 25%
- 教育支出 5%
- 儲蓄 10%
- 房貸 15%
- 日常生活所需 40%

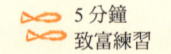

Date：＿＿＿年＿＿＿月＿＿＿日

致富練習 #27 調整預算圓餅圖

　　我們曾在致富練習 #10 製作過預算圓餅圖。經過一段時間後，你是否發現有哪些因素會阻礙你執行預算？你可以想出什麼辦法來解決嗎？如果你覺得有必要調整，請再製作一個新的預算圓餅圖，讓它更符合你的實際狀況。

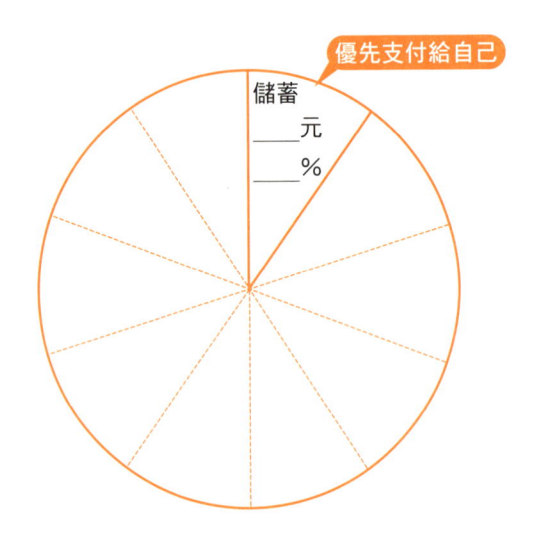

優先支付給自己

儲蓄
＿＿＿元
＿＿＿%

22

提高花錢的效能

即便我們已經開始注意自己把錢花到哪些地方了，有時候卻發現不該花的花太多，導致其他重要項目的資源被排擠了。這就像是新聞報導常說的「消化預算」（目標就是「把錢花完」），但過程中究竟有沒有把錢花在真正重要的事情上呢？如果沒有，這就意味著花錢的「效能」很差，沒有把錢用在「做對的事」。

那麼，我們是否可以利用簡單的方法，來檢視自己金錢的使用效能？還記得致富練習 #12 介紹記帳方法時，有請大家每天記帳時，為每一筆明細勾選它是屬於「正常消費」、「浪費」或「投資」嗎？這裡所說的「投資」，並非指股票、基金、房地產等財務性投資，而是指你所花的這筆錢，未來是否能對你產生特定的效益或功能。

如果這陣子以來，你已經運用本書的表格開始記帳，相信你現在已經漸漸駕輕就熟，能夠快速判斷出每筆花費應該歸屬哪個欄位。

接著，你要將每個月這 3 種類別的金額進行加總，然後換算成百分比，呈現出這 3 種類別占總體支出的比例。如此一來，你就能以客觀數據來觀察自己花錢的狀態，看出自己在花錢方面是否具有「效能」。未來，你就能從擁有控管預算的「效率」，進一步提升至擁有花錢品質的「效能」。

Date：＿＿＿年＿＿＿月＿＿＿日

致富練習 #28 判斷正常消費、浪費與投資

有些人可能會覺得只要單純記帳就好了，何必再為每一筆明細勾選它是屬於「正常消費」、「浪費」或「投資」呢？這麼做有什麼優點？舉例來說，過去我們買了一杯飲料，通常直接記完就結束了。但其實每次買飲料，背後的動機和原因可能有所不同。以下這 3 種狀況，你會如何歸類呢？

① 因為口渴，所以買了一杯飲料。	☐ 正常消費 ☐ 浪費 ☐ 投資
② 已經喝過飲料了，剛好路過看到某家飲料店在打折，覺得不買可惜，所以再買一杯，但最後沒喝完。	☐ 正常消費 ☐ 浪費 ☐ 投資
③ 有問題想請教同事，中午買便當時順便多買一杯飲料。向同事請教時，把這杯飲料送給他。	☐ 正常消費 ☐ 浪費 ☐ 投資

💲 透過進一步的分類，未來你在花錢之前，就有機會暫停下來多問自己一聲，這筆錢到底「該不該花？」「值不值得花？」。久而久之，你就會把錢花在「該花」、「值得花」的地方，如此一來，就提升了使用金錢的「效能」！

5分鐘
致富練習

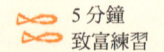

Date：＿＿＿年＿＿＿月＿＿＿日

致富練習 #29　你是哪種消費類型？

正常消費金額 ÷ 總支出金額＝正常消費金額%

浪費金額 ÷ 總支出金額＝浪費金額%

投資金額 ÷ 總支出金額＝投資金額%

你覺得自己在「正常消費」、「浪費」、「投資」這三者的支出比重，比較像是以下哪種類型呢？

☐ 精打細算型	正常消費 80%／投資 15%／浪費 5%
☐ 有點浪費型	正常消費 65%／浪費 25%／投資 10%
☐ 非常浪費型	正常消費 55%／浪費 40%／投資 5%

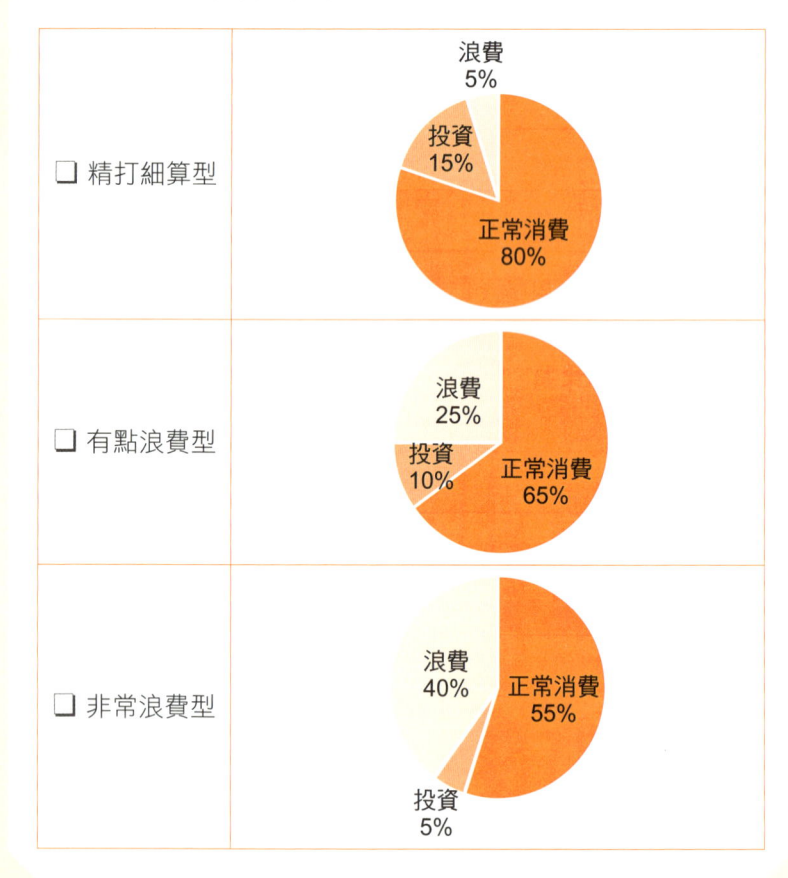

Part 3
22. 提高花錢的效能

Date：＿＿＿年＿＿＿月＿＿＿日

致富練習 #30 觀察周遭人的消費行為

　　經常哭喊著錢不夠花的人，更應該分析自己在「正常消費」、「浪費」、「投資」三者的比重。只要找出並改善生活中的浪費行為，就能提升使用金錢的「效能」。

Q1. 你能舉出一兩位經常喊著錢不夠用的親友，說說你從他們身上觀察到的浪費行為嗎？寫下你的觀察：

_____

_____

_____

_____

Q2. 你能舉出一兩位懂得安排金錢用途的朋友，然後說說你從他們身上觀察到的消費習慣嗎？寫下你的觀察：

_____

_____

_____

_____

💲 有些人雖然薪水不高，卻能過著衣食無虞的生活。因為他們除了會安排預算，花錢時也會精打細算，避免無謂的浪費，甚至願意多花一些錢投資某些能讓生活品質更好的用品。他們在「正常消費」和「投資」的比重很高，「浪費」的比重則是少之又少。

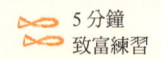

Date：＿＿＿年＿＿＿月＿＿＿日

致富練習 #31 改善生活壞習慣

Q1. 你能不能找出 3 項自己在日常生活中，經常發生的健忘或疏失行為？

例如：睡過頭、忘了帶傘、忘了帶水壺……

① ＿＿＿＿＿＿＿＿＿＿＿＿＿＿＿＿＿＿＿＿＿＿＿＿＿＿＿＿

② ＿＿＿＿＿＿＿＿＿＿＿＿＿＿＿＿＿＿＿＿＿＿＿＿＿＿＿＿

③ ＿＿＿＿＿＿＿＿＿＿＿＿＿＿＿＿＿＿＿＿＿＿＿＿＿＿＿＿

Q2. 發生這些狀況後，你必須採取什麼補救措施，它們會大概會多花費（損失）多少錢呢？

例如：睡過頭，為了避免遲到所以搭計程車，因此多花了 200 元計程車車資。

① ＿＿＿＿＿＿＿＿＿＿＿＿＿＿＿＿＿＿＿＿＿＿＿＿＿＿＿＿

② ＿＿＿＿＿＿＿＿＿＿＿＿＿＿＿＿＿＿＿＿＿＿＿＿＿＿＿＿

③ ＿＿＿＿＿＿＿＿＿＿＿＿＿＿＿＿＿＿＿＿＿＿＿＿＿＿＿＿

Q3. 寫下一個你很需要但遲遲還沒買的東西，以及它的價格是多少。然後在心裡想著，從今天開始，我要努力避免讓前述事件再度發生，這樣一來，就能把這些錢省下來，用來購買這個東西了。

你很需要但還沒買的商品名稱：＿＿＿＿＿＿＿＿＿

金額：＿＿＿＿＿＿＿＿＿元

Date：＿＿＿年＿＿＿月＿＿＿日

致富練習 #32 把錢花在值得的地方

Q1. 請舉出一個過去你買了很值得的商品或服務，什麼原因讓你覺得它是值得的？

Q2. 請再舉出一個過去你花得很不值得，甚至覺得浪費的商品或服務，你後來是怎麼發現它不值得買？

Q3. 你可以想出什麼方法，讓自己儘量把錢花在值得的東西，減少把錢花在不值得的東西呢？

23

促進經濟成長的推手

全世界所有國家,都以促進經濟成長為首要目標。這樣除了能展現國家的經濟實力,也能讓國家持續進步發展,人民擁有富裕的生活。

新聞報導常以 GDP 做為衡量一國經濟成長的指標,究竟什麼是 GDP?全稱是「Gross Domestic Product」,中文是「國內生產毛額」,意思為在本國疆域以內所有生產機構或單位之生產成果,不論這些生產者是本國人還是外國經營者[*]。它是指一個國家在特定時間內(如一季或一年),所生產的所有勞務及最終商品的市場價值總額。一般所謂的經

---

[*] 資料來源:中華民國統計資訊網 https://www.stat.gov.tw/News_NoticeCalendar_Content_temp.aspx?MetaI_D=158&n=3717

濟成長率，通常就是指 GDP 成長率。GDP 高表示國家的生產力高，經濟活躍以及景氣佳。GDP 的公式為：

GDP ＝消費＋投資＋政府支出＋（出口－進口）

其中的消費是指「民眾所有消費金額的總額」，投資則是指「固定資產投資，其中又分為居住性投資（住宅）以及非居住性投資（機械、廠房）等」。

如果人民都縮衣節食、省吃儉用不消費，國家經濟就會停滯不前。有些人則是拚命買買買、拚命花錢消費，然後笑稱自己在促進國家經濟，這樣的說法其實並沒有錯。只是當所有錢都花光光，國家經濟成長了，不知節制的人卻讓自己的經濟狀況陷入危機，引發負面結果。

由 GDP 的公式可發現，**想對國家經濟成長產生貢獻，除了靠個人消費力，其實還能藉由將個人的資金進行投資來達成**。因此，若能把一部分的消費金額節省起來，並轉為投資用途，在消費與投資並進之下，除了能促進國家經濟成長，也能讓個人經濟獲得成長，最終使得國家與國民的福祉都能獲益。

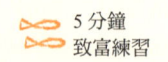

Date：＿＿＿年＿＿＿月＿＿＿日

致富練習 #33 可有可無的花費

Q1. 國民的消費行為，除了會影響個人的經濟與財務狀況，也會對國家經濟發展造成影響。大致上，你平常的消費習慣比較符合下列哪種樣貌？

☐ 縮衣節食、省吃儉用，能不花錢就不花錢。

☐ 想花就花、想買就買，賺錢花錢就是為了讓自己開心。

☐ 該花則花、當省則省，既要滿足需要，也要精打細算。

Q2. 你是否能找出日常生活中有那些花費，其實是可有可無的，就算不買也不會對生活造成重大影響？

Q3. 把買這些可有可無東西的錢省下來，拿去做為投資資金，你覺得這樣對未來會不會更有幫助？

24

聰明消費 5 步驟

不可否認,把喜歡的、想要的東西全部放到購物車內,可以讓人產生快樂的情緒。但是收到信用卡帳單時,則很有可能被繳款金額嚇一跳,若付不出錢來,難免就會產生壓力、感到後悔。人們之所以會購買許多預期外的東西,通常是因為沒有事先做好購物計畫。

所謂該花則花、當省則省。為解決漫不經心的購物行為,只要運用聰明消費的 5 步驟,就能滿足生活所需,並看緊荷包。這些步驟包含:「①確認需要→②列出採購清單→③分析比較→④購買→⑤評估結果」。

① 確認需要

在面對欲望的誘惑時,我們必須誠實問自己,這個東西

究竟是「需要」還是「想要」？我是否有錢買它呢？沒有這筆預算的話，是否可以用其他東西進行替代，或是用借的、租的，或是先緩一緩，等有錢時再買。

② 列出採購清單

商店的誘惑實在太大了，我們很容易一閃神就買了不該買的東西，卻把該買的東西給忘了。為了避免發生這種情形，購物前最好手寫一份採購清單，或是記錄到手機裡。採購清單除了可以幫我們確認是否買齊所需的物品，也能幫我們發現購物車內放了哪些不在清單裡的商品。透過這個檢核方式，就可以減少衝動購物的機會，越來越理性了。

③ 分析比較

購買前應該分析比較不同品牌之間的差異，也能詢問親友的意見或參考網路評語。**雖說貨比三家不吃虧，但我們的時間和心力也是非常寶貴的，所以最好能在搜尋成本與潛在效益之間取得平衡。**如果為了一丁點價格差異而耗費過多心力比較，未必是好事；此外，有時瀏覽過多的商品資訊，反而容易引起內心的購物欲望。因此過猶不及，適度比較即可。

④ 購買

分析完不同品牌商品的優劣之後，若發現有好幾個品項都很不錯，究竟要選擇哪個？這時應該回歸到自身的經濟能力，評估你負擔得起的選項有哪些？當身上有比較多的預算時，就可以購買好一點、貴一點的；預算較少時就選擇普通的、便宜的。要提醒自己量力而為，不要超出能力。

⑤ 評估結果

使用過這些產品或服務後，別忘了在心中給予一些消費評價，以做為未來的參考依據。如果結果是滿意的，未來就可以繼續購買；如果結果是不滿意的，就要避開它，以免再度踩雷而懊悔。

對於未曾購買或是單價昂貴的東西，最好利用消費 5 步驟來協助自己進行判斷。只要常練習，就會越來越得心應手，未來面對例行性或重複性的購物時，甚至能迅速完成評估。久而久之就能養成習慣，成為理性的消費高手。

Date：＿＿＿年＿＿＿月＿＿＿日

致富練習 #34 消費 5 步驟演練

請舉出一個過去你曾經有過的購物經驗，或是打算要購買的東西，以消費 5 步驟進行分析練習。例如：手機、衣服、鞋子、彩妝保養品、家電用品……

① 確認需要	寫下你需要哪些商品，理由是？
② 列出採購清單	列出你要買的商品名稱：
③ 分析比較	分析不同品牌的優缺點：
④ 購買	你的預算有多少？哪些是負擔得起的？應該選哪個？
⑤ 評估結果	使用後給予這個商品一些評語吧：

25

買不停的人生

隨著科技的進步與生產技術的提升,廠商無不卯起勁來研發、生產、製造、銷售,推廣各式各樣新穎的產品與服務,滿足消費者的需求,也讓大眾的生活更便利、更舒適、更愉快。

商品資訊如影隨形出沒在我們生活周遭,要如同老僧入定般不去注意、不被吸引、忽視它們的存在,這對紅塵俗世裡的眾生來說,實在是一大考驗啊!來自四面八方的行銷刺激,心中無窮欲望的翻騰,親朋好友的攀比,再加上社群媒體的推波助瀾,很容易讓人一不小心就買了一堆東西。

有些確實是生活中需要的,有更多卻是使用率很低,甚至用不太到的東西。開心的時候要買,難過的時候也要買;

成功的時候犒賞自己要買,失敗的時候安慰自己也要買。自己一個人的時候要買,朋友揪團的時候更要買;平時要買,特殊假日更要買;沒打折的時候要買,有打折的時候要買更多。

總而言之,人們心裡總是有各種聲音和理由,驅策自己不停消費。毫不節制的人家裡開始堆滿東西,雜亂的環境不僅影響居住品質,也容易讓心情煩躁,引發家庭爭吵,這些都是開心購物當下意想不到的後果。我們能否有所警覺,讓自己在購物前停看聽,成為理性的消費者呢?

Part 3
25. 買不停的人生

Date：＿＿＿年＿＿＿月＿＿＿日

致富練習 #35 讓你想花錢的情境

下列哪些狀況，特別容易讓你想花錢買東西呢？請打勾。也能在空格內填上其他原因。（可複選）

☐	心情好的時候	☐	心情低落的時候
☐	想要犒賞自己的時候	☐	想要安慰自己的時候
☐	無聊的時候	☐	忙到喘不過氣的時候
☐	發薪水的時候	☐	領到獎金的時候
☐	獲得意外之財的時候	☐	特殊節慶
☐	旅行的時候	☐	特價打折的時候
☐	發現限量款的時候	☐	有人情壓力的時候
☐	想要炫耀的時候	☐	怕被瞧不起的時候
☐	被強迫推銷的時候	☐	大家揪團的時候
☐		☐	
☐		☐	

💲 透過這樣的清單，你有沒有發現原來有好多無形的因素，一直在召喚我們的購物欲望！

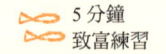

Date：＿＿＿年＿＿＿月＿＿＿日

致富練習 #36 強迫性購物傾向檢測

運用「強迫性購物量表」，來測驗看看自己的強迫性購物傾向吧！請依照你對各題的同意程度填上適合的分數（5 強烈同意；4 有些同意；3 不同意也不反對；2 有些反對；1 強烈反對），例如：強烈同意填 5，有些反對填 2。

題目	程度
① 當我有錢時，我忍不住要花掉一些或全部。	
② 我經常沒計畫地買一些看到的東西，只是因為覺得必須擁有它。	
③ 對我而言，購物是一種面對生活壓力和放鬆的方式。	
④ 我有時覺得內心有一股力量逼著自己去購物。	
⑤ 有時候，我有著強烈的欲望想要買東西。	
⑥ 有時候，我買了一件商品後會感到內疚，因為那似乎不合理。	
⑦ 有些東西買了之後，我不會給任何人看，因為擔心別人會認為我浪費錢。	
⑧ 我常常有一股無法解釋的衝動或突發的欲望，就是要去買東西。	
⑨ 我到購物中心時，有一股不可抗拒的衝動，想進商店裡買點東西。	
⑩ 我經常購買不需要的產品，即使明知自己的錢所剩無幾。	
⑪ 我喜歡花錢。	
計分方式：請將各題分數加總起來。36 分（含）以上，你可能有強迫購買行為；36 分以下，你沒有太多強迫購買行為，但不代表你毫無衝動購物和不理性消費的現象。此表僅供讀者參考使用。	

（資料來源：台北市衛生局）

促銷活動有利有弊

廠商為了增加銷售業績與刺激買氣，經常推出各式各樣的促銷活動，例如打折、送贈品、買1送1、多1元加1件、加價購、抽獎等。如果這些商品是有需求的，善加利用優惠除了可以省下一些錢，也能獲得額外的利益。有些人購物時明明都精打細算，長期下來卻發現不僅沒有省錢，反而花了更多錢。為什麼會發生這樣的狀況呢？可能是以下4個因素：

1. 覺得這個東西雖然目前用不到，但實在太便宜了，抱著不買可惜的心態，先買了再說。想說以後一定用得到，最後還是沒有用到的一天。
2. 大包裝、大瓶裝的商品（例如洗髮精、沐浴乳），換算下來雖然比較便宜，但是因為看起來很大罐，使用

時不知不覺就會擠壓較多的分量。此外,廠商推出新產品,因為喜新厭舊而把還沒用完的大瓶丟棄一旁。相反地,小瓶裝因為分量少,使用時反而比較節約,也能確實使用完畢。

3. 大包裝的零食無法一次吃完,過幾天要吃時發現變軟或不新鮮了,只好丟掉。

4. 趁打折囤積了大批飲料、罐頭、泡麵、零食、食物,以及一些日常生活用品。有些被塞到櫃子或冰箱底層不見天日,發現時都已經過期了;或是眼見保存期限將至,只好用最快的速度隨意使用、轉送他人。

Part 3
26. 促銷活動有利有弊

Date：＿＿＿年＿＿＿月＿＿＿日

致富練習 #37 你無法抗拒哪些促銷活動？

Q1. 你最喜歡哪種類型的促銷活動呢？

Q2. 哪些商品舉辦促銷活動時，最讓你無法抗拒？

Q3. 你認為，你跟廠商誰會從促銷活動中獲得比較多的利益？

27

是精打細算,還是貪小便宜?

為了提高顧客的消費金額,廠商經常設定不同形式的門檻,誘發顧客購買更多商品,以達到優惠的條件。例如:單筆金額達多少元以上免運費、滿 5,000 送 500 或滿 3,000 送 300、滿千元打 9 折、買 10 杯送 1 杯、咖啡寄杯優惠、4 人同行 1 人免費、揪團報名享團報優惠、累積點數可兌換免費商品、滿額送贈品、購物金額超過門檻可以參加抽獎活動等。

這些促銷手法看起來非常吸引人,但要符合資格的前提就是消費金額必須達到一定的程度。為了符合門檻,於是開始東湊西湊,買了其他不需要的商品,甚至把腦筋動到親友上,揪他們一起花錢買東西。如果是平常就會用到的東西,精打細算後若有需求,善用廠商提供的優惠確實可以省下一

筆錢，也不會產生長期囤積的問題。但若無法在短時間內消耗這麼多數量，表面上換算下來的單價比較便宜，看似很划算，一旦過期沒有用完丟棄，把金額除以真正有使用到的數量後，反而會發現其實單價比較高，這是始料未及的。

精打細算和貪小便宜，有時僅存著一線之隔，稍有不慎，不僅沒有省下錢，反而會花了更多錢。未來面對促銷活動時，先冷靜思考自己是否真的需要這些商品，若真有需要，也要估算一下數量是多少，以及家中是否還有庫存。盤點好需求與數量後，再適度採購即可。不用擔心錯過優惠，只要仔細觀察，就會發現廠商時不時就會推出各種促銷活動來吸引顧客！

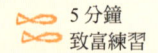

Date：＿＿＿年＿＿＿月＿＿＿日

致富練習 #38 你會囤貨嗎？

Q1. 買東西前，你會先想想看家裡還有多少庫存量，然後再補充適當的數量就好嗎？

Q2. 你能舉出幾個你通常會等到廠商有促銷活動時，才會進行採購的慣用日常用品嗎？善用這樣的優惠，可以讓你獲得哪些好處？

Q3. 你能舉出幾個過去因為有促銷活動，為了撿便宜而買了很多數量的東西，但最後根本用不完而過期、丟棄的例子嗎？

Part 3
27. 是精打細算，還是貪小便宜？

Date：＿＿＿年＿＿＿月＿＿＿日

致富練習 #39 你有湊免運的習慣嗎？

Q1. 你在哪些購物平台，有湊免運費的消費習慣呢？

_____

_____

_____

Q2. 你會為了湊免運費或湊滿額折價的門檻，而多買一些不需要的東西嗎？

_____

_____

_____

_____

Q3. 你是否曾為了獲得一些小優惠，結果反而花了更多錢？你能不能幫自己想出一些辦法，以便未來再度面臨類似狀況時，可以保持理性呢？

_____

_____

_____

_____

28

拆解看似誘人的超值組合

　　百貨公司週年慶時,經常會推出保養品、彩妝品的超值組合。一些文具、家庭用品、清潔用品、餅乾零食等,也會以不同形式整合在一起進行促銷。速食店與餐廳,也會提供組合套餐供顧客選購。這些所謂的超值組合之所以吸引人,是因為售價低於所有商品單價加總起來的金額,讓人有物超所值的感覺。

　　但仔細研究組合的品項後,總是會發現裡面有一兩項東西不是自己喜歡的,但因為覺得很便宜,就算用不到拿去送人也可以,所以就掏錢買下。如果最後找不到贈送的對象,下場就是被塞到櫃子裡,甚至最後放到過期。若是愛惜物品、節省一點的人,只好勉為其難使用自己不愛的東西。

超值組合裡的商品，若全部都是自己喜歡的、需要的東西，買下來確實是精打細算的行為。但若其中有一兩項是自己不喜歡、不需要的東西，這樣的組合真的有比較划算嗎？假設組合裡共有 5 項商品，其中 A、B、C 是你喜歡、需要的；D、E 是你不喜歡、不需要的。5 種商品總金額是 3,300 元，現在以 8 折 2,640 元出售，其中 A、B、C 的總價是 2,400 元，D、E 的總價是 900 元。

　　一般人的想法通常是，這麼多商品的原定總價為 3,300 元，現在只要用 2,640 元就能買到這個超值組合，實在太划算了。裡面除了有我喜歡的 A、B、C 商品，只要再多花 240 元（2,640 － 2,400），就能買到價值 900 元的 D、E 商品，真是撿到便宜了。

　　但 D、E 這兩項商品的下場，就如同前面說的，通常不是想辦法送人，就是塞到櫃子，或是逼自己使用。如果只買自己真正喜歡且需要的 A、B、C 商品，只要花 2,400 元。**表面上好像沒有享受到優惠，但實際上卻是少花 240 元去購買你根本不需要的東西。**

　　未來看到超值組合的價格很優惠，覺得心癢很想買時，如果全都是自己喜歡且會使用的，就可以趁便宜入手。但如

果裡面參雜了不需要、用不著的商品時,不妨把所有品項一一拆解評估後,再做出適當的判斷(見圖表 3-3)。此外,這些原理也適用於「福袋」和「驚喜包」哦!

圖表 3-3　超值組合包的拆解方法

超值組合包				
喜歡的、需要的			不喜歡的、不需要的	
A 1,000 元	B 600 元	C 800 元	D 700 元	E 200 元
合計 2,400 元			合計 900 元	
五項商品原價總金額 3,300 元				
超值組合包 8 折優惠: 3,300×0.8 = 2,640 元			2,640 − 2,400 = 240 只要多花 240 元,就能買到價值 900 元的 D、E 商品,內心覺得太划算了,不買可惜!	

Part 3
28. 拆解看似誘人的超值組合

Date：＿＿＿年＿＿＿月＿＿＿日

致富練習 #40 冷靜評估超值組合包

Q1. **平時你會購買哪些超值組合來省錢呢？**
例如：速食店的套餐、大賣場的組合包零食……

Q2. **過去你購買超值組合包時，是否曾經遇到裡面有不喜歡的商品呢？你通常如何處理這些商品？**

Q3. **未來看到令人心動的超值組合包時，你可以先評估裡面的商品、金額、需求狀況後，再做出購買決策嗎？**

29

獲得群體認同的渴望

大多數人無法過著離群索居、閒雲野鶴般的生活，我們周遭總是會有家人、親友、同事、同學、友人。為了融入群體、獲得友誼與認同，甚至避免被孤立、被排擠，每當身旁的友人提出聚餐、出遊、團購等邀約時，因為擔心被貼上不合群、難相處的標籤，即使有些情況你不想要、不喜歡，也不好意思直接拒絕。

為了迎合大家，不僅失去自我，也讓荷包失血；但若處處拒絕友人的邀約，最後可能會落得沒朋友的下場。一邊是情誼，一邊是荷包，這常讓想要管理金錢、規劃財務預算的人，陷入天人交戰的難題。

然而當人生道路越走越久、越走越遠，你會發現身邊朋

友來來去去,只有自己是一路上最忠實陪伴著自己的人。所以不要厚此(他人)薄彼(自己),有些讓你感到勉強、為難的邀請,還是要找機會婉拒;或是鼓起勇氣、據實以告你的困境,例如你有預算上的考量,這筆支出對你有些負擔,或是你正在執行進行儲蓄計畫等。

無法體諒你的人,其實就是自私、沒有同理心的人,長久與這類朋友相處,只會不斷耗損你的金錢、時間、體力和情緒。

為了自己美好的未來,建議你認清事實後,想辦法和這類朋友漸行漸遠,默默離開他們。當然,若你能登高一呼,號召大家一起改變,這將會是皆大歡喜的局面。然而,改變別人通常是困難的,若改變不了他人,最快也最好的方法就是轉換環境、改變自己。

一開始可能會覺得孤單,**但只要你願意拿出勇氣做出改變,在「同頻共振、同質相吸」之下,一定會漸漸吸引、結交到和你有相同金錢觀、相同價值觀的新朋友。**孟母之所以三遷,不就是因為明白環境和社交圈,會對個人會產生重大影響嗎?現在就好好審視一番自己的生活圈吧!

5分鐘
致富練習

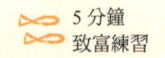

Date：＿＿＿年＿＿＿月＿＿＿日

致富練習 #41 結交金錢觀相近的朋友

Q1. 你身邊有哪些朋友經常揪你花錢呢？

Q2. 你身邊有哪些朋友會規勸你不要隨便花錢呢？

Q3. 為了讓未來的財務越來越健全，你覺得自己應該多和哪些朋友在一起，並且學習他們的消費行為呢？

為了消除壓力而購物

許多人在不知不覺中，經常感到莫名的壓力，在不知如何排解壓力的情況下，只好靠購物讓自己感到開心，透過物質來填補內心的焦慮與痛苦。若是喝杯咖啡、飲料、買個小東西，藉由這類小確幸消費就能讓自己心情好起來，壓力指數還在自我可控制範圍內。

但若要透過大肆消費才能消除壓力，可能會因為看到堆積如山的東西散亂在家裡，並在發現接踵而至的帳單後，又形成了另一道壓力的來源。於是「壓力→購物→雜亂的環境→帳單→壓力→購物→雜亂的環境→帳單……」這樣的惡性循環，就此無止境展開。

我們在公司、學校、社群、家庭等地方，難免會遇到挫

折、傷心、沮喪、無奈、無助的問題。壓力大的時候，有些人會以購物消費、暴飲暴食做為暫時逃避的手段，但如果沒有面對壓力的勇氣，並且痛定思痛找出根本的解決辦法，過度消費行為就不再是單純的金錢問題，背後還隱藏著身心健康的危害。

現代人都有壓力，每個人的原因也各不相同，這是無法避免的課題。只能誠實面對它、解決它，此外也能藉由培養興趣和參與休閒活動，找親友和家人聊天，或是尋求專業的輔導，來穩定身心靈的健康。如此一來，就能從根本解決「壓力→購物→雜亂的環境→帳單→壓力→購物→雜亂的環境→帳單⋯⋯」的惡性循環。

Part 3
30. 為了消除壓力而購物

Date：＿＿＿年＿＿＿月＿＿＿日

致富練習 #42 別為了紓壓造成更多壓力

Q1. 當你感受到壓力時，通常會以什麼方法來舒緩緊張的情緒？

Q2. 你會透過哪些消費活動來放鬆心情？
例如：喝飲料、按摩、血拚……

Q3. 哪些項目還在你的經濟能力範圍內？哪些項目已經令你感到負擔有點沉重了？

Q4. 你能否想出一些不需要花錢的方式，利用它們來紓解壓力呢？

31

你知道自己在追什麼流行嗎?

　　為了維持競爭力及增加市占率和銷售業績,廠商每月、每季、每年都不斷推出新款式、新機種、新功能、新用途、新世代的各式產品。

　　喜新厭舊、追求流行似乎也是人的天性,有些人為了讓自己跟上潮流,即便手上的東西完好如新,還是忍不住購買新產品。但是生活中能追求的新奇事物實在太多了,有些人把大筆大筆的鈔票貢獻給廠商,因此無法守住辛苦賺來的錢。

　　除了廠商強力放送廣告、聘請網紅業配宣傳,社群、網路也會出現大量明星、網紅、親朋好友分享的流行商品、餐廳、景點、新奇事物的照片和影片,讓人忍不住想去跟風

朝聖，深怕自己和朋友聊天時跟不上話題，成為落伍的邊緣人。我們並非要完全斷開新事物，適度追求流行，可以體驗新穎有趣的新鮮感，讓人保持年輕的心，跟上世界的脈動，享受美好生活的好處。

但若追求最新的 3C 產品、服飾、包包、鞋子、打卡餐廳與景點等，是基於想炫耀、證明自己有錢、渴望獲得關注、羨慕、刷存在感等因素，甚至是源於自卑感、怕被瞧不起、想被肯定，就容易陷入無止無盡的消費模式。因為一旦廠商再度推出新產品，手上的商品就過時了、跟不上流行了，必須再買最新款式，看起來才「稱頭」。

當心理的空缺只能藉由最新潮的事物來填補，這樣的空缺將是一個深不見底的無底洞。如果察覺自己出現了追求流行成癮的徵兆，應該靜下心來找出背後的原因，並且想出解決的方法。這樣就能享受新事物的快樂，又能保持身心與財務的健康哦！

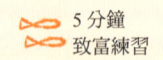

Date：＿＿＿年＿＿＿月＿＿＿日

致富練習 #43 在能力範圍內追流行

Q1. 你喜歡追求流行嗎？你最喜歡哪類流行事物呢？

Q2. 你有特別關注某些明星、名人、網紅、朋友的社群嗎？

Q3. 你會因為看到這些人分享的訊息，而去嘗試、購買、消費、體驗嗎？

Q4. 追求流行所花費的金錢，有超過你的經濟能力嗎？如果有，你可以先從減少哪些項目的支出，來開始進行改善呢？

32

難以婉拒的推銷攻勢

　　一間公司就算有再好的產品與服務，若是無人購買、銷售不出去，就難以經營下去。銷售推廣對公司而言是非常重要的任務，有些公司會聘請銷售人員、業務人員，為顧客進行講解、操作示範，藉以達成銷售的目標。這些銷售人員除了背負公司的業績壓力，他們的薪水與獎金也和自己的業績息息相關，因此無不卯足心力與顧客建立關係，期待成交。

　　一般人聽完銷售人員滔滔不絕的專業講解，以及感受到他們的熱情款待與溫情攻勢，就算內心知道不需要這項商品、不適合自己、甚至多花這筆錢會造成負擔，依然經常會礙於情面而難以開口拒絕，或是拒絕後對方仍然繼續遊說推銷。除了陌生推銷，當銷售人員是自己的親朋好友或認識的人時，要拒絕則需要更大的勇氣，因為擔心不買可能會傷了

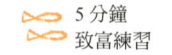

彼此的情誼。

我們很容易因為臉皮薄,不好意思拒絕,而花錢買了一些不需要的東西。這些東西既會讓金錢流失,也會占用家裡的收納空間。我們應該學習客氣、委婉地拒絕,溫和堅定表達自己不需要的立場與態度。只要在內心默默祝福這位銷售人員,能順利把東西賣給真正需要的顧客,就能消除沒買東西的那種愧疚感了。**既不要虧待別人,也千萬不要委屈自己和錢包。**

Part 3
32. 難以婉拒的推銷攻勢

Date：____年____月____日

致富練習 #44 別讓自己的錢包受委屈

Q1. 你是一個臉皮很薄、不好意思拒絕別人的人嗎？

_____
_____
_____

Q2. 當別人跟你推銷東西時，你通常會如何反應呢？

_____
_____
_____

Q3. 看著家裡那些被強迫推銷，但使用率很低，甚至根本沒拿出來用過的東西，你的心裡有哪些感受？

_____
_____
_____

Q4. 未來又發生類似的推銷狀況時，你有辦法勇敢婉拒嗎？

_____
_____
_____

33

找出節流的替代方案

　　人們會隨著時間流逝,不知不覺形成某些生活型態或消費習慣。例如:有些人每天早上一定要買杯咖啡,一來是為了讓自己有精神,二來是做為一種上班的儀式感。

　　許多人可能都聽過一個常見的理財法,若能戒掉喝咖啡的習慣,把每天買咖啡的錢省下來,每個月就能存下一筆不小的錢,拿去進行投資。這樣的建議看起來雖然合理,卻不一定適合每一個人,因為對於許多人來說,每天辛苦工作,連早晨上工前買一杯咖啡為自己加油打氣都不行,這樣辛苦上班有何意義呢?

　　而且人類的天性使然,要改變長久的習慣很難。我們常常會發現大家嘴上嚷嚷著要戒掉某個習慣,最後都以失敗告

終。既然知道為了省錢、存錢而刻意戒除某些消費習慣,這類計畫通常不太容易成功,**那麼可以想想是否能找到原有習慣的「替代方案」,雖然效果略有差異,卻不需要一下子做出巨大的改變。**

例如:一位上班族每天早上習慣買一杯知名連鎖咖啡店的大杯那堤咖啡,一杯售價是 135 元,一週 5 天的咖啡支出總金額是 135×5 = 675 元。除了知名連鎖咖啡店的咖啡,其實還有其他咖啡品項可以進行替換:

知名連鎖咖啡店	便利商店	濾掛式咖啡	三合一咖啡	寶特瓶或罐裝咖啡	即溶咖啡粉
135元／大杯	55元／大杯	10~20元／包	4~10元／包	25~40元／瓶	150~300元／罐

在不改變每天喝咖啡的習慣下,若把一週 5 天的其中 2 天改喝便利商店咖啡,支出金額為(135×3)+(55×2)= 515 元,如此一來,就能省下 160 元(675 - 515 = 160)。只要把知名連鎖咖啡店的咖啡,改成其他替代方案,就能維持原習慣,並且省下一筆不少的金錢。

我們還能找出生活中其他狀況,例如:每天都搭計程車

或 Uber 上班,可以試試調整為其中 2 天改搭捷運或公車等大眾運輸工具。每次上餐廳吃飯習慣點五菜一湯,可以試著減少為四菜一湯,可以避免剩食浪費、吃太多變胖,又能省下一些錢。只要願意進行調整,就能讓生活多些彈性,並節省一些開銷了。

Date：＿＿＿年＿＿＿月＿＿＿日

致富練習 #45 是什麼阻礙你改變？

Q1. 你是否有成功戒除某些習慣的經驗呢？是什麼原因讓你下定決心進行改變？

Q2. 你是否曾經為了節省花費，而試著戒除某個消費習慣，最後卻失敗了？

Q3. 你能找出經常阻礙你改變消費習慣的因素有哪些嗎？

Date：＿＿年＿＿月＿＿日

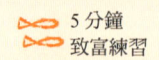

致富練習 #46 在生活做出微小調整

Q. 為了減少、控管支出金額，你能否找出幾個習以為常的生活習慣，然後想出一些替代方案呢？

原有習慣	替代方案
一週5天上班日，每天買一杯知名連鎖咖啡店的咖啡。	把其中兩天改成便利商店的咖啡，或是在辦公室泡三合一咖啡粉。
1.	
2.	
3.	
4.	
5.	

34

過度消費引發的囤積症

　　從小到大，許多人是在「數大便是美」、「多多益善」、「越多越好」這類的觀念下長大，所以大家習慣擁有更多的東西，這代表著富裕、幸福。我們生活在一個大量生產、大量消費的社會裡，不斷購買、持續囤積，這樣的消費方式是再正常不過的行為。

　　相反地，簡約、節約、減少則暗指貧窮、匱乏、寒酸，這樣的生活狀態會讓人覺得不幸福、不安全。因此，要主動覺察出「足夠了」、「適可而止」，也是一件不容易的事情。

　　在購買大量物品的當下，必須先付錢給廠商或店家，也就是你未來才會用到的東西，現在就要預先把錢支付出去。持續購物的結果，是不斷透支未來的財富，除了耗損金錢，

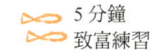

還要騰出空間放置、花心力管理。

現在商品推陳出新速度之快，很多東西在還沒用完之前，就已經過季、過時了。大家普遍有著喜新厭舊的心態，看到新款式上市，誰還會想要把舊的庫存消化完再買新的呢？當然是再買新的，所以舊庫存越積越多。然而這些東西因為是用錢買的，也有感情了，所以可能會捨不得丟棄。結果家裡囤積的東西有增無減，這不僅對自己、家人，甚至街坊鄰居的衛生與安全都會造成影響。

台灣是一個購物天堂，不管是實體商店或網路購物都非常方便，根本不需要在狹小的居住空間裡囤積大量物資。如果發現自己有囤積的習慣，最好想想究竟是什麼原因，導致自己有強烈的不安全感和匱乏感，若能解開背後的成因，囤積的現象自然就能解決了。

Part 3
34. 過度消費引發的囤積症

Date：＿＿＿年＿＿＿月＿＿＿日

致富練習 #47　檢視家中雜亂的角落

Q1. 現在選定家中一處你覺得東西有點多、有點雜亂的地方，如抽屜、櫃子、冰箱夾層等，一處即可。打開它，看看裡面堆放了哪些東西，並用手機拍下目前的狀態（與家人同住者，請避開公共區域，選擇自己房間或私領域內的空間）。

你選定的地方是：＿＿＿＿＿＿＿＿＿＿＿＿

Q2. 請問裡面有哪些是即將過期、已經過期、或似乎再也用不到的東西呢？

即將過期的東西有：＿＿＿＿＿＿＿＿＿＿＿＿

已經過期的東西有：＿＿＿＿＿＿＿＿＿＿＿＿

似乎再也用不到的東西有：＿＿＿＿＿＿＿＿＿＿

Q3. 請立即採取處理方法，例如把即將過期的東西拿出來使用，丟棄已經過期的東西，似乎再也用不到的東西，可以轉送或轉賣給真正需要的人。

你要用什麼方式處理即將過期的東西？

＿＿＿＿＿＿＿＿＿＿＿＿＿＿＿＿＿＿＿＿＿＿

＿＿＿＿＿＿＿＿＿＿＿＿＿＿＿＿＿＿＿＿＿＿

你要用什麼方式處理已經過期的東西？

＿＿＿＿＿＿＿＿＿＿＿＿＿＿＿＿＿＿＿＿＿＿

＿＿＿＿＿＿＿＿＿＿＿＿＿＿＿＿＿＿＿＿＿＿

**5分鐘
致富練習**

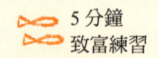

你要用什麼方式處理似乎再也用不到的東西?

Part 3
34. 過度消費引發的囤積症

Date：＿＿＿年＿＿＿月＿＿＿日

致富練習 #48 被遺忘的囤積物

Q1. 接續致富練習 #47，你能回想當初購買這些東西的原因嗎？當時內心有什麼感覺？

_____

_____

Q2. 現在再度看到這些東西時，你內心的感覺又是什麼呢？

_____

_____

Q3. 要清理掉這些東西時，內心難免會有不捨或後悔的感覺。但是看到空間恢復乾淨整潔、井然有序的樣子，心情有沒有輕鬆許多呢？

_____

_____

Q4. 請用手機拍下整理後的照片，然後比較一下「Before」（整理前）和「After」（整理後）的差異。你有什麼感想呢？

_____

_____

_____

_____

157

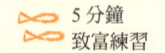

Date：＿＿＿年＿＿＿月＿＿＿日

致富練習 #49 估算白花了多少錢

Q1. 今天再選擇家中一處你覺得東西有點多、有點雜亂的地方，如抽屜、櫃子、冰箱夾層等，一處即可。打開它，看看裡面堆放了哪些東西，並用手機拍下目前的狀態（與家人同住者，請避開公共區域，選擇自己房間或私領域內的空間），運用之前的方式繼續整理這個空間。

你選定的地方是：＿＿＿＿＿＿＿＿＿＿＿＿＿＿

Q2. 請估算一下，這兩天你所發現的即將過期、已經過期、或幾乎再也用不到的東西，每樣物品當時大概花了多少錢購買？試著加總起來。

> 💲 以後，你可以為自己訂一個固定的時間，例如每個週末，找出生活環境的一處小地方，利用一些時間進行清理。透過這樣的整理，慢慢就會發現自己有哪些衝動購物、浪費或囤積的習慣。減少這些購物之後，除了可以避免不必要的支出，家裡也會越來越整潔，回到家的心情也會越來越好哦！

Date：＿＿＿年＿＿＿月＿＿＿日

致富練習 #50 囤積症狀小檢測

囤積症（Hoarding Disorder）是一種心理障礙，又稱為囤物症、儲物症、囤積病，患者會過度囤積或保存大量的物品，這些物品往往沒有實際的使用價值或對生活有幫助。這種行為會對個人和家庭的日常生活造成嚴重影響，包括占據空間、增加維護費用、增加火災和其他安全風險等。囤積症的症狀包括以下情形，你覺得自己有類似的狀況嗎？

囤積症的症狀	你有類似的狀況嗎？
1. 持續性的丟棄困難：不管東西實際價值為何，都難以分離。	
2. 保有物品的需求：覺得有一天會用到，對丟棄感到苦惱。	
3. 居所擁擠或凌亂：大量囤積物品在居住場所堆積如山。如果不亂，常是因第三人干預，例如家庭成員強制整理。	
4. 重要領域功能減損：儲物症狀引起顯著苦惱，影響到社交、職業及環境安全等。	
5. 無法歸因於其他疾病：非身體病痛引起，也不能用其他精神疾病來做更好的解釋。	

（資料來源：居家整聊室 https://pse.is/73qrdb）

35

信用卡與行動支付的優缺點

　　信用卡和行動支付已逐漸取代貨幣，成為重要的支付工具。只要拿出卡片或掏出手機，刷一下、嗶一下，就能快速且輕鬆完成付款，讓購物變得更便利。為了推廣信用卡和行動支付，並刺激民眾的消費意願，發卡銀行、行動支付業者經常聯合舉辦各種活動，提供消費者購物優惠、紅利點數、折扣、現金回饋等誘因。

　　善用這些方案，確實能在消費過程中獲得額外的利益，但所謂羊毛出在羊身上，這些利益並非平白無故從天上掉下來的，獲得這些利益的前提是必須先花錢。在暗自竊喜自己得到許多好處時，其實付出的金錢代價絕對遠遠超過你得到的優惠或回饋。

還記得「需要」、「欲望」、「需求」三者的意義是不同的嗎？無論我們多麼需要某些東西、擁有的欲望有多麼強烈，若沒有錢、負擔不起，就無法構成需求的條件。然而，**拜信用卡和行動支付之賜，使人們跳脫了有錢（有現金）才能購買的限制，不論銀行帳戶裡是否有錢，只要刷一下、嗶一下就能結帳。**

刷卡一段時間後，才會收到信用卡帳單，這種延後付款的優點，容易讓人有賺到了的感覺。有些人因為繳不起每個月的信用卡帳單，所以只付最低應繳金額，其他金額就累積到下個月的帳單裡。等到下個月的新帳單來了，裡面除了這個月新增的金額，還包含了上個月的未還帳款和循環利息，於是「舊帳＋新帳＋循環利息」，讓債務越滾越大，累計的利息也越來越多。

有些人則是習慣以分期付款的方式來買東西，表面上每期（每個月）只要支付一部分的金額，但是累積在帳單裡的分期付款項目卻越來越多，眼看著每個月要償還的負債就如同身上背著沙包，越疊越多、越疊越重，令人快要喘不過氣來。這些後果都是始料未及的，不知不覺中產生一堆卡債，最終成為了卡奴。

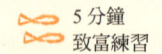

Date：＿＿＿年＿＿＿月＿＿＿日

致富練習 #51 聰明使用信用卡和行動支付

Q1. 你覺得自己在使用信用卡和行動支付時，還算理性嗎？

Q2. 你平常會利用信用卡和行動支付，來獲得哪些好處呢？

Q3. 收到帳單時，你會仔細查看消費明細嗎？還是你已經設定電子帳單及銀行自動轉帳繳費，所以其實都沒有認真查看每個月的帳單金額和明細呢？

Q4. 你知道自己信用卡的循環利率是幾％，它們比一般貸款利率高出幾倍嗎？

36

避免繳不出信用卡帳單

　　根據 yes123 求職網在 2024 年以「青年勞工甘苦談與人生夢想調查」為主題的調查[*]，發現台灣青年勞工有不少人背有債務，前三大主因分別是「學貸」（46.6％）、「一般信用貸款」（42.7％）和「卡債」（36.6％）。學貸是為了求學所產生的學費負債，這對經濟弱勢家庭的學生來說，是較難避免的債務。

　　但現今不少人以一般信用貸款來取得資金，以及背負著卡債，這兩者的利息是相當高的。若不設法減少這類支出，很快就會被越滾越多的債務和衍生的利息給壓得喘不過氣。

---

[*] 資料來源：yes123 求職網 https://m.yes123.com.tw/member/white_paper/article.asp?id=20240329113832

只要用信用卡和行動支付快速感應，就能把東西買回家。因為沒有實際拿錢付款的動作，所以不會去設想銀行帳戶裡是否有足夠的餘額，是否買得起，很容易輕忽一筆筆帳單累積起來的金額，實際上是很多的，甚至可能超出自己的預期和負擔能力。

無論是有卡債或沒有卡債的人，都能利用一個乍看麻煩，卻簡單易行的方法，讓自己未來收到帳單時能從容拿出錢來繳費。也就是使用信用卡或行動支付交易後，每天都要把所有的支出金額加總，再從皮包裡取出實際的金錢（紙鈔、零錢），然後放到一個專屬信封裡。等收到帳單時，就拿這個信封裡的錢去繳費，如此一來便解決付不出錢、積欠卡債的問題了。

在這過程中，如果你經常覺得有點拿不出錢來，其實表示你已經逾越自己的經濟能力了。既然是消費不起的東西，就要面對現實，有些東西就不要再花錢買了。用信封裝信用卡費，如同電源保險絲的功能，一旦用電超過負荷就直接熔斷停電，避免造成損害。

鈔票和銅板的使用機會減少了，讓人對金錢越來越無感，有時過度消費都不自覺。透過每天把錢從皮包裡拿出

來、再放到信封裡的這個動作,除了可以真實感覺到錢花掉時那種付出、心痛的感覺,也能清楚掌控日常的支出情形。

善用信用卡與行動支付雖然可以獲得回饋,但使用不慎也會造成傷害。所謂水能載舟、亦能覆舟,使用時要更謹慎小心哦!

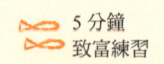

Date：＿＿＿年＿＿＿月＿＿＿日

致富練習 #52 你有卡債嗎？

Q1. 你目前有卡債嗎？金額是多少？

Q2. 你有使用信用卡分期付款嗎？有的話，每個月有哪些分期付款的項目，它們累加起來的金額是多少？

Q3. 你可以刪除生活中哪些支出項目，來減少帳單金額呢？

Q4. 如果你有卡債，你願意試試用信封把實際消費金額預留下來的方法嗎？如果不喜歡這個方法，你能想出一些解決卡債問題的方法嗎？

37

使用簽帳金融卡，避免超支

個人向銀行辦理信用卡時，銀行會根據個人的信用評分與財力證明等資料，給予申請者一個可用（信用）額度，做為卡片的刷卡金額上限。然而，**所謂的可用額度並不等於持卡人的真實財務能力，刷得起並不等於付得起**，一旦消費過度逾越了個人財力，每個月只償還最低應繳金額，甚至以卡還卡、預借現金，就會淪落卡債越滾越大的惡性循環，成為卡奴。

如果已經出現卡債的狀況，為了避免重複發生寅吃卯糧的情形，只要改成使用簽帳金融卡就能杜絕刷卡超支、透支的問題。簽帳金融卡又稱為 Debit 卡，也就是大家比較常聽到的 VISA 金融卡。簽帳金融卡具有提款卡與簽帳的功能，有些卡片也結合電子票證，能用來進行小額支付或搭公車、

捷運,所以簽帳金融卡的功能和信用卡非常相似。

簽帳金融卡是連結銀行帳戶進行支付的一種卡片,簽帳金融卡沒有所謂的信用額度,消費前必須先把錢存進銀行帳戶,刷卡時金額會直接從連結帳戶進行扣款(銀行會先圈存帳戶內資金),原則上就是帳戶裡有多少錢才能刷多少錢,刷卡上限為帳戶內可圈存的金額。

此外,簽帳金融卡無法延遲付款,也不能分期付款,所以能避免過度消費的問題。由於簽帳金融卡消費是直接從帳戶中扣除消費金額,因此不會像信用卡一樣收到帳單,如此一來也不會發生忘記繳費的狀況。

難以克制購買欲望、經常過度消費或透支的人,可以改用簽帳金融卡,先從控管消費金額、改善支出平衡著手,讓財務狀況越來越健全。

Date：＿＿＿年＿＿＿月＿＿＿日

致富練習 #53 回歸真正的需求

Q1. 你了解信用卡和簽帳金融卡之間的差別了嗎？

_____

_____

_____

Q2. 需要、欲望、需求在心理層面和個人能力方面，代表著不同的意義。只有當一個人擁有足夠的財力時，才有資格把心中的欲望轉換成真正的需求。記得致富練習 #25 手機壞了的例子嗎？使用信用卡，不管身上有沒有錢，都可以先買再說，如此就會產生付不出錢、積欠卡債的風險。使用簽帳金融卡，若買手機的當下，銀行帳戶裡沒有錢，就無法預支購買，即回歸到沒有錢就談不上「需求」的基本原理，避免持卡人逾越自己的財務能力。

需要（need）	欲望（want）	需求（demand）
手機壞了 →需要買一台手機	你希望買哪些品牌的手機呢？ →使用＿＿＿＿＿結帳，不管購買的當下有沒有錢，甚至在之後收到帳單時是否有錢繳款，只要刷卡就能購買。 答案：信用卡	買得起、負擔得起的選項是什麼？ →使用＿＿＿＿＿結帳，銀行帳戶裡若沒有錢，就無法預支購買。 答案：簽帳金融卡

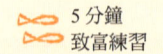

致富練習 #54 回顧你的發現和改變

恭喜你已經完成〈節流：成為聰明的消費者〉這一章節的所有練習了！請嘗試回答以下問題，回顧這個單元的內容：

有哪些觀念是你過去未曾發現的？	有哪些觀念是你早就知道，卻遲遲沒有付諸行動？
有哪些部分是你現在就可以開始執行，做出改變的？	請寫下你的練習心得與感想。

Part 4

開源：
為自己創造收入

38

開源是建立財富的基礎

「開源＋節流」和「儲蓄＋投資」看似普通，卻是穩定有效的 2 個致富組合。「開源」是其中最根本的基礎，所謂的開源就是賺錢、創造收入，我們必須先有了錢之後，才能進一步規劃如何把錢配置在儲蓄、消費（節流）和投資上。如此一來，就有機會讓自己的財務健全、持續成長，然後擁有富足的資產，享受富裕自在的人生。

每個人的興趣、能力、體力、技能、天賦、才智、學歷、家庭背景、人脈、居住地區等條件都不一樣。所謂行行出狀元，只要找到適合的工作或謀生的機會，願意付出心力、努力耕耘，就能擁有收入，成為經濟自主的人，不需要倚靠家人或社會救助。就算你入錯行，發覺目前的工作無法發揮個人實力，或覺得這份工作不適合自己、感到厭煩，只要你願

意拿出勇氣轉換跑道,就有機會改變人生。

現在的社會相當多元,除了過去所謂的士、農、工、商,還有許多新興的產業與職業類別,有正職、兼職、打工、創業、副業、接案、彈性工時、自由業等形式。在遵守法律規定、符合道德倫理規範下,我們都可以努力為自己賺取更多收入,讓生活無虞,並且有更多資金進行投資理財。

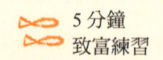

Date：＿＿＿年＿＿＿月＿＿＿日

致富練習 #55 檢視你的收入來源

Q1. 你是學生嗎？如果你是學生，未來想要從事什麼樣的工作？你知道這類工作每個月的薪水（收入）大約是多少元嗎？

Q2. 你已經畢業幾年了？現在的工作和學生時的願望差不多嗎？

Q3. 踏入職場後，你有換過工作嗎？

Q4. 你對目前工作的薪水（收入）感到滿意嗎？

39

讓收入持續增加

　　你生活中有哪些開銷呢？除了食衣住行育樂的基本必需品，想必還有些願望清單上的項目吧！若再加上購車、購屋、退休金規劃的重大需求，資金壓力可是有增無減，經常讓人有喘不過氣來的感覺。

　　為什麼持續增加收入是非常重要的事情呢？一是因為我們的欲望與需求會隨著年紀的增長或家庭成員的增加而不斷擴增，衍生出來的支出項目就會變多，金額也會持續增加；二是因為近年通貨膨脹，物價持續上漲，民眾必須支出更多金錢才能買到和過去相同生活所需的物品；三是因為如果我們能夠獲得更多的收入，就有辦法存下更多錢，如此就有更多資金可以進行投資，加速財富累積的速度，提早邁向財富自主的目標。

某些人投資理財計畫失敗的原因，經常出在為了增加投資資金而省錢，因此縮衣節食、省吃儉用，讓生活過得非常拮据辛苦，最後受不了而放棄。其實「開源」和「節流」是可以並行的，透過開源來增加收入，以及透過節流來減少支出，就不會變成過度倚賴單一方面，例如要拚命工作累得半死，或是拚命節儉失去樂趣，而讓生活失去平衡。

　　透過「開源」和「節流」一增一減、雙管齊下的方法，兩方只需各出一半力，也能達到累積更多資金的目標。因此除了現有的收入，也能想想是否能利用閒暇的時間，以自己的興趣或專長，再去額外開拓新的收入來源。

Part 4
39. 讓收入持續增加

Date：＿＿＿年＿＿＿月＿＿＿日

致富練習 #56 收入增加的幅度

Q1. 你的願望清單裡還有哪些待辦項目呢？

Q2. 近 3 年來，你收入增加的幅度，跟得上通貨膨脹的幅度嗎？

Q3. 你願意為了早日實現財富自主的目標，現在多努力一些、做一些取捨，為自己累積更多投資的資金嗎？

Q4. 「開源」和「節流」哪個對你而言比較容易做到？你覺得自己可以先從哪個層面開始做起，再想辦法雙管齊下呢？

40

創造雇主與員工的雙贏局面

有些人對自己的工作感到厭世,每天拖著疲累的身體去上班,心裡也有諸多怨言。看老闆、主管、同事不順眼,嫌工作太多、太累、無趣,覺得顧客難搞、難伺候,抱怨薪水低、福利差、規定多,千錯萬錯都是別人的錯。工作就像雞肋一樣,食之無味、棄之可惜,實在談不上什麼價值或成就感。

這世界上確實存在著不少的「慣老闆」,對員工苛刻,讓員工的權益受損。若遇到這樣的狀況,有必要適時為自己發聲,爭取合理的報酬與福利。然而,在抱怨指責的同時,是否也要反求諸己,看看自己在工作上有沒有全力以赴,盡心完成個人的職責?近年,全球吹起一股「安靜離職」的風潮,許多上班族對自己的工作設定了底線,多一事不如少一

事，只願意做到最低標準，不願意再多付出一絲一毫的時間與心力，有些人則是看到工作能避就避、能閃就閃、敷衍了事，找機會混水摸魚。

如果領了薪水，也要付出相對應的心力，這樣才不會愧對公司，把個人的責任推卸給同事，也不會愧對自己的良心。另一方面，老闆也必須適才適任、善待員工，給予員工對等的回報。如果老闆與員工能夠互敬互重、同理彼此，以公司成長為優先、以員工福祉為考量，就能達到雙贏的局面。假使目前的公司永遠無法達到這種理想境界，在無法改變外在環境和他人的狀態下，我們能做些什麼改變呢？

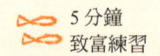

Date：＿＿＿年＿＿＿月＿＿＿日

致富練習 #57 你喜歡現在的工作嗎？

Q1. 你喜歡目前的公司和工作嗎？

Q2. 你覺得老闆在薪資待遇方面有虧待你嗎？

Q3. 你覺得自己付出的時間、心力，跟所獲得的薪資福利比起來，是對等的嗎？

Q4. 不論你是上班族、自由工作者、創業者等，如果覺得薪資、收入、福利被低估了，你能想出什麼方法來獲得改善嗎？

41

主動爭取加薪

　　在職場上領多少錢，做多少事，推卸責任、輕鬆度日，表面上看起來是賺到了，長期而言卻是害了自己。如果工作能力沒有隨著年資同步成長，數年後同期的同事和後輩的能力都逐漸超越你，只能眼睜睜看著別人升官加薪，自己卻在原地不動。若公司經營不善、打算縮編人事時，當然會從表現平庸的人員下手，一旦工作不保，對個人的經濟情況將會造成影響。

　　保持主動積極的態度，並且認真在職場上打拚，看起來好像是在為公司創造價值，跟自己無關。但在努力的過程中，個人的實力不斷增強，競爭力也逐漸提升，最終的受益人其實是自己。一旦能力進步到一定程度時，就會被老闆、主管發現，能獲得晉升加薪的機會。然而，公司大多不會主動幫員工加薪，所以要主動為自己挺身而出，不要忽視自己

的權利。如果你對公司有卓越的貢獻,但是老闆遲遲沒有給你相對應的獎勵,此時應該把自己的績效成果整理好,鼓起勇氣和老闆約時間討論。

你可以試著回想以前曾經有過哪些良好的表現,例如:在公司某次重大活動負責什麼職務,完成了哪些任務;你在某次會議提出建議,最後被公司採納;你開發了幾個新客戶,為公司創造了多少業績;每當公司假日臨時需要人力,都是由你出面支援等。

然後,從現在開始,按照日期與時間把你的特殊績效與額外付出等,還有對話紀錄或 E-mail 中來自客戶或主管的肯定話語,也都保留起來。藉由這些整理過程,你將會對自己更有信心,相信自己是有價值與貢獻的。唯有提出這些客觀的事實與數據,才有充分理由爭取應得的報酬,並讓老闆有評估依據。這些資料也能為未來跳槽、轉職做準備。

然而,在整理這些資料的過程中,若發現乏善可陳,並沒有特別優異的表現,績效水準甚至在同儕之下,此時必須誠實面對自己,認清自己在職場上缺乏競爭力。與其抱怨公司薪水低、福利差,不如調整自己的態度並積極提升個人實力,以累積未來要求加薪的談判籌碼。

Date：＿＿＿年＿＿＿月＿＿＿日

致富練習 #58 掌握加薪的機會

Q1. 你們公司有明文規定加薪的準則嗎？

Q2. 你最近一次加薪是發生在什麼時候？金額與幅度如你預期嗎？

Q3. 你覺得自己有資格向老闆提出加薪的要求嗎？如果有，你可以準備哪些資料來增加成功的機率呢？

42

尋找跳槽的機會

你在公司工作幾年了？這些年來你的職務有晉升嗎？你對調薪的頻率、金額和幅度滿意嗎？基本上，公司加薪的幅度通常很低，甚至久久才調整一次。有些產業、職業、或企業，甚至有既定的調薪制度與規定，不會因為績效表現良好而加薪，這讓認真努力工作者無法獲得應有的報酬與回饋，限制了個人收入的潛力。

我們常發現，公司裡的空降部隊或外界挖角來的員工，薪資福利經常都比元老級員工還高，因而讓人心生不平。此外，身邊有些同事或朋友因為勇於跳槽，不管職位或薪水都三級跳，讓人心生羨慕。所以如果你自認為自己很優秀，對公司有很大的貢獻，但加薪協商的幅度不如預期時，應該考慮是否有機會去另謀更好的出路。

你可以到求職網站看看自己的資歷，在外界其他企業的行情如何。若能跳槽成功，薪資福利通常會大躍進，有時幅度甚至超過 3～5 年的調薪水準。也能主動詢問親朋好友或某些人際管道，請他們幫忙留意好公司的職缺訊息，透過推薦、介紹的方式，有時比自己在求職市場上投履歷的效果更好。

沒有富爸爸、不是含著金湯匙出生的一般人，不會平白無故擁有一筆大資金（本金）進行投資理財。萬丈樓房平地起，最踏實且容易成功的方法，**就是先從專注本業開始，不斷精益求精、建立專業形象，想辦法從本業中增加收入，如此一來本金就會持續增長**。因此，努力提升自己的能力，並且透過加薪或尋找跳槽的機會，都是增加收入的方法。

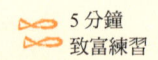

Date：＿＿＿年＿＿＿月＿＿＿日

致富練習 #59 你有跳槽的念頭嗎？

Q1. 你在現在的公司有志難伸嗎？

❏ 否。我對公司的升遷與薪資福利等，感到很滿意。

❏ 是。我對公司的升遷與薪資福利等，感到不滿意。

Q2. 你身邊有哪些人，因為跳槽而提升了職位、薪水與福利呢？

Q3. 如果你也有意跳槽，從現在開始，你應該做哪些準備呢？

Q4. 哪些企業是你比較有機會跳槽成功的？哪些人可以幫你引介新工作呢？

43

找出個人在職場可以發揮的優勢

在職場上能否年年加薪，通常不是自己能決定的事情；至於有沒有辦法順利跳槽到更好的公司，除了要憑個人本事，有時也需要天時地利人和。想要藉由加薪或跳槽來增加收入，個人無法擁有全部的掌控權，有些因素是操之在他人手裡的。

既便如此，公司裡還是有些個人可以作主的選擇。例如：我們可以研究公司關於加班、排班、出差、績效獎金、薪資考核之類的規定，像是一個月給薪的加班上限時數是幾小時？假日輪值、排班是否有加給？到外地出差、開會的差旅補助費和津貼怎麼計算？有哪些任務是按件計酬的？績效獎金或福利怎麼計算，其中又以何種項目的金額比較高，投資報酬率比較好？取得更高的學歷或通過哪些證照與檢定，

可以讓薪資或職等晉級？為了避免你努力考取某些證照後，才發現這些項目不能讓你調薪，最好事先做好確認。

在考量個人的時間、精力、專長及家庭等狀況後，就可以找出適合自己的項目，配合這些要求，來達到增加收入的目標。例如：主動爭取安排假日的班表或額外加班；為了精進個人的溝通能力與銷售技巧，向主管或超級銷售員請益；或是研讀專業書籍、影音節目，甚至到外部進行專業訓練；利用假日與閒暇時間去學校進修上課，取得文憑學歷或專業證照。

額外的薪水與福利不會平白無故從天上掉下來，為了能得到更多報酬，我們也必須付出相對應的努力。若願意順應公司的制度與要求，保持積極勤奮的態度去應對，自然能不斷進步、保有職場競爭力，為自己爭取更多的回報。

Part 4
43. 找出個人在職場可以發揮的優勢

Date：＿＿＿年＿＿＿月＿＿＿日

致富練習 #60 哪些事可以幫助升遷？

Q1. 你想要升遷嗎？為了升遷、提高薪水，你願意付出哪些努力？

_____

_____

Q2. 你能想想公司裡有哪些制度是你能接受、適合你的，你願意嘗試看看來獲得更多的收入？

_____

_____

Q3. 公司裡有哪些同事，他們除了一般薪水，還比其他人領了更多錢呢？他們額外做了哪些事情？

_____

_____

_____

Q4. 如果你是自由工作者或創業者，你能想出什麼方法來增加收入呢？

_____

_____

_____

_____

44

利用閒暇時間賺取額外收入

如果加薪、跳槽遙遙無期,你也對留在公司加班感到厭煩,不想增加和公司相關人事物接觸的時間,也許能考慮到外界尋找其他機會,一來比較不會彈性疲乏,再來也能讓生活增加一些變化和新鮮感。

人口老化再加上少子化,現在各行各業都面臨缺工問題,不少公司都急需兼職打工人員,補充不足的人力缺口。若想利用閒暇時間賺取額外收入,其實有不少工作機會可供選擇,有些商店門口會張貼招募兼職人員的資訊,有些會刊登在人力銀行網站,有些會透過員工對外釋放消息等。

個性活潑熱情、喜歡與人互動者,可以考慮餐飲業、百貨銷售、服務業、便利商店等工作;個性內向文靜的人,可

以尋找後勤支援、行政助理之類的工作；喜歡彈性、不喜歡被約束的人，則能考慮加入外送平台，提供外送或載客的服務；**擁有特定專業技能者**，可以利用自己的專長從事家教或外接專案工作。

總而言之，**若能根據自己的時間與興趣，找出能勝任的兼差機會，這樣除了有額外的收入，又不會對精神和體力造成太大負擔。**到不同公司或產業兼職打工，也能培養更多的能力並拓展人脈，這對未來想要**跳槽**、**轉換跑道**的人來說，也有不少好處。

不過需要注意的是，現在非法、詐騙的兼職打工訊息層出不窮，找工作時要謹慎提防，也別因為某些非法工作的收入很高，受到誘惑而加入犯罪的行列，害人也害己。

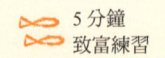

Date：＿＿＿年＿＿＿月＿＿＿日

致富練習 #61 適合你的兼職打工

Q1. 除了目前的正職工作，你有在兼職打工嗎？

❏ 沒有。我的收入能滿足生活所需及未來人生規劃。（恭喜你！）

❏ 沒有。但是收入有點入不敷出的感覺，如果有適合的機會可以嘗試看看。

❏ 有。兼職打工是為了解決家庭與個人的經濟負擔。

❏ 有。兼職打工是出於興趣、有機會多與外界接觸、增加技能。

Q2. 你覺得兼職打工有哪些優點？哪些缺點？你以什麼樣的心態來看待兼職打工？

優點：＿＿＿＿＿＿＿＿＿＿＿＿＿＿＿＿＿＿＿＿＿＿＿＿

缺點：＿＿＿＿＿＿＿＿＿＿＿＿＿＿＿＿＿＿＿＿＿＿＿＿

我對兼職打工的看法：＿＿＿＿＿＿＿＿＿＿＿＿＿＿＿＿

Q3. 如果你想嘗試兼職打工，你覺得哪些類型的工作比較適合你？

45

在興趣領域挖掘潛在商機

　　兼職打工比較像是在正職工作之外，再去找另一份工時比較彈性、時數比較短的工作，基本上還是受雇於人。但若以個人的興趣、專業能力、人脈資源、未來發展潛能的角度出發，嘗試去開發一些生意、業務，這樣一來，**就能在正職工作之外，擁有一個形式上等同於自己是雇主的副業。**

　　副業的優點是「進可攻、退可守」，如果生意蒸蒸日上、越做越大，客群與收入穩定且大幅超越正職的薪水，就有機會辭去工作，成立一人公司，先從微型創業開始營運。若是業績始終普普，就把它當成興趣來經營，不至於影響工作與生活。

　　想要經營副業，不妨從目前已經有在從事的事物開始著手。例如：喜歡烹飪、每天都會為孩子準備午餐的家庭主婦，

可以順便為其他學生製作便當，提供少量的餐飲服務；喜歡甜點烘焙的人，可以提供客製化的餐點，在自己認識的社群中接單生產；喜歡清潔打掃、整理家務的人，可以從認識的親友開始，提供到府清潔服務；喜歡手做飾品的人，可以將產品分享到個人的社群網站或拍賣平台進行販售；喜歡鑽研塔羅牌、紫微斗數、八字命盤、星座等命理的人，也能在學有所成後，為人解析運勢。

由於是開創副業，因此必須收費。至於價格要如何制定，可以上網尋找相似的產品或服務的行情價格範圍，考量自己的狀況後再進行設定。也能詢問有這類需求的親友，他們心中的合理價格是多少，做為參考依據。

雖說萬事起頭難，但只要先從自己熟悉的領域想想有哪些潛在的商機，勇敢先從自己認識的親友開始，就能跨出第一步。剛開始客戶可能只有一兩個人，客群也不是很穩定，但是只要用心經營，建立出信用與口碑，久而久之自然會有人熱心介紹推薦，副業就會越來越成功了。

Date：＿＿＿年＿＿＿月＿＿＿日

致富練習 #62 觀察周遭人的副業

Q1. 你身邊有親友在從事副業嗎？他們經營什麼業務，提供哪些產品或服務呢？

Q2. 針對他們所提供的這些產品或服務，你覺得有哪些地方需要改善嗎？

Q3. 你了解他們的收費模式嗎？你覺得這樣的收費合理嗎？

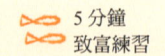

Date：＿＿＿年＿＿＿月＿＿＿日

致富練習 #63 自由發想屬於你的副業

Q1. 你能想想自己有哪些興趣和專長，似乎可以用來發展副業呢？

Q2. 哪些類型的人可能會需要你的產品或服務？

Q3. 你可以找誰來試用評估，為你的創業構想提供回饋意見？

Q4. 你覺得可以訂定的收費金額是多少？你知道類似的產品或服務的收費標準是多少嗎？

46
掌握市場趨勢，打造自己的事業

在台灣，不少人懷抱著創業的夢想，因為覺得除了可以賺很多錢，自己當老闆最大，在公司裡再也不用看其他人的臉色了。有夢雖美，現實卻是殘忍的，根據調查，10家新創公司中就有9家在5年內倒閉，而在前5年好不容易生存下來的公司，又有90％的機率會在之後倒閉。

特別是在新冠肺炎疫情後，有些民眾的消費習慣已從實體商店購物轉為線上購物與外送，過去繁華一時的商圈紛紛沒落，許多店面高掛著出租看板。現在要創業當老闆的門檻很低，但是成功的門檻卻越來越高，一不小心失敗了，可能會產生巨額的虧損。

有心想創業當老闆的人，首先要確保自己的產品或服務有市場需求、有競爭力，能夠找到願意購買的目標客群。

然後自己要具備經營管理的知識、掌握市場趨勢、了解經濟金融現狀、管理員工與建立顧客關係、採取合適的行銷策略等，以提升營運的績效。只要能夠成功經營企業，就能享受創業的豐碩成果，賺取比一般上班族更多的報酬。

創業者也應具備創業家精神，擁有積極努力、願意承受風險的態度，做好準備才創業，千萬別倉促行事。並非人人都適合創業，個性保守、偏好穩定生活的人，找個好公司、安穩領薪水，努力升官加薪，可能會是比較適合個人特質的謀生方法。若是想賺取更多收入，則可以利用閒暇時間兼職打工、開創副業。

創業有優點也有缺點，創業成功可以賺更多錢，失敗卻會帶來更大的損失。究竟是創業當老闆好，還是安穩當個上班族好？並沒有標準答案。**最重要的是決定之後全力以赴，為自己的選擇負責**，就能朝富足幸福的人生邁進。

Part 4
46. 掌握市場趨勢，打造自己的事業

Date： ___年___月___日

致富練習 #64 你想創立什麼樣的公司？

Q1. 你身邊有哪些創業成功的例子？你覺得他們成功的主因是什麼？

Q2. 你身邊有哪些創業失敗的例子？你覺得他們失敗的主因是什麼？

Q3. 你有創業的夢想嗎？你想創立什麼樣的公司？

Q4. 你是一個創業者嗎？如果是，你能想出一些讓事業更進步的方法嗎？

47

持續學習,提升競爭力

學習可以拓展我們的視野,跟上世界變動的腳步,擁有一顆年輕的心靈,以開放的心態應對接踵而至的挑戰。

想要從容面對挑戰,可以培養一些有興趣的嗜好,例如:插花、繪畫、彈琴、游泳、打球、舞蹈、烹飪等,可以陶冶性情、放鬆緊繃的情緒、讓身心靈更健康。釋放壓力後,將有更好的精神與體力,去處理職場上的各種任務與瑣事。一旦工作績效表現優異,就有機會加薪或獲得表揚。

此外,可以學習一些專業技能,例如:國際語言、程式設計、影音製作、AI應用、美髮美容、銀髮照護、寵物美容等課程,或考取專業證照,像是:語言檢定、技術檢定、金融保險證照、保育人員證照等。有些公司會視不同等級的證照與檢定給予加薪或職等升級,這些證照與檢定對未來跳

槽、轉換跑道、經營副業也有加分效果。

現在有許多學習的管道，最簡單的方式是閱讀專業書籍、瀏覽影音或部落格專文，也能參加企管顧問公司開設的實體或線上課程、政府職訓相關單位的教育訓練專案、補習班、社區大學的課程、各大學的推廣教育課程等。有些需自費學習，有些則能享受政府的學費補助，若能善加利用，將對個人專業能力有很大助益，提升職場的競爭優勢。

在這個快速變遷的時代，資訊科技不斷更新，政策制度也持續修訂，若不持續學習，在職場上很容易就會被淘汰。學習可以讓自己與時俱進，也能讓公司在市場上持續進步，這些都可以對個人、企業、消費大眾、國家社會帶來福祉。

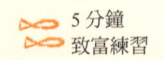

致富練習 #65 你想學什麼新事物？

Q1. 有哪些興趣是你一直想學，卻遲遲沒有付諸行動呢？是什麼原因阻礙了你？

Q2. 你的公司有明文規定，通過哪些證照、檢定，或取得更高的學歷，可以獲得加給、加薪或升等嗎？

Q3. 你覺得有哪些規定是你可以嘗試看看的？你曾獲得這類獎勵嗎？

Q4. 公司裡有哪些人因為符合了獎勵制度，而不斷加薪、升等的呢？他們是如何辦到的？

48

檢視生活中的閒置物品

在致富練習 #50 中,有囤積症的症狀檢核表,測試後你的囤積症況偏向嚴重還是輕微呢?

要維持個人或家庭生活正常運行,維持適度的日常生活備品存量是必要的,才不需要一天到晚疲於奔命地採購洗衣精、沐浴乳、衛生紙、罐頭、冷凍食品等生活物品。然而,若沒有盤點家中庫存狀況而持續購買,就可能會把東西放到過期而造成浪費。

除了日常用品,有些人看到精美可愛的裝飾品就會忍不住購買,家裡還有大量的衣服、包包、鞋子、玩具、3C 用品、圖書、明星周邊商品、價格不斐的精品、個人嗜好的收藏品,甚至是免費的試用包、贈品,還有親朋好友贈送的生日禮物、節慶禮物等⋯⋯這些東西逐漸塞滿櫃子、抽屜、衣

櫥、客廳、廚房、車庫，讓家裡的空間越來越擁擠、越來越髒亂。眼看著家裡已經擺放不下這麼多東西了，為了解決燃眉之急，於是你決定再去外面租借私人倉庫。

現在房價越來越貴、房租越來越高，你有換算過自己住的房子一坪的房價是多少錢嗎？租屋一坪的租金是多少錢？家裡有多少空間是「給東西住的」，而不是「給人住的」呢？那些你幾乎用不到、使用率很低的東西，你花了多少錢購買？又花了多少房價（房租）來擺放它們？平常要花多少時間來維護管理？有些人想要換更大的房子，但換大房子的目的是要給你和家人住的，還是只因為東西塞不下了，其實是要給東西住的呢？

一旦把錢、時間、精力、居住空間花在過多閒置的物質上，能夠用來享受輕鬆自在生活的資源就會減少，甚至沒有多餘資金為將來的退休生活進行投資。

你現在擁有這麼多的東西，它們可能會過期、過時、損壞，你覺得退休後，年輕時所買的東西還會符合你未來的品味和需求嗎？這些東西會適合年老後的你使用嗎？你有那麼多的體力來整理它們嗎？如果你有子女，這些東西可以當作傳家之寶送給他們嗎？這些對他們來說會是寶物，或其實是

有負擔的遺物呢？如果你沒有子女、沒有下一代，這些東西以後要如何處理？

這個議題有點嚴肅、有點殘酷，卻是我們每個人不得不面對的人生功課。每隔一段時間，就花一點時間整理家裡的某個空間，把閒置、用不到、沒在用的東西整理出來，別再把它們塞在櫃子裡眼不見為淨。

你一定會對這些物品有感情，捨不得與它們分離，**好好地看看它們、摸摸它們、謝謝它們，不堪使用的就回收或丟棄；還堪用的、完好如新的，就幫它們尋覓適合的親友或機關團體，為它們找到真正會使用的新主人。另外，也能到拍賣平台、二手貨收購商、跳蚤市場進行販售，回收一些資金，增加一些收入。**只是最好要有一些心理準備，當時購買的價格和現在售出的價格可能會天差地遠，讓你難以接受，但請平靜面對這些現實吧！

當然，偶爾還是會有特定收藏品價格增值的例子，但就一般人的眼光和蒐藏級別來說，發生機率是比較低的。有了這樣的體悟，未來花錢時你就會比較冷靜，不會輕易被行銷話術迷惑，若能因此成為聰明理性的消費者，花錢買這些經驗，也算值得了。

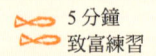

Date：＿＿＿年＿＿＿月＿＿＿日

致富練習 #66 覺察自己的囤積習慣

Q1. 你有看過囤積症的新聞報導嗎？或是你身邊有囤積症的親友或鄰居嗎？

Q2. 就你的觀察，囤積症者的身心狀態健康嗎？他們的財務狀況良好嗎？

Q3. 你覺得自己有囤積症的傾向嗎？如果有，你願意開始做出改變嗎？

Part 4
48. 檢視生活中的閒置物品

Date：＿＿＿年＿＿＿月＿＿＿日

致富練習 #67 拍賣用不到的物品

Q1. 舉出幾個你家裡堆積了很多用不到、很少用的特定物品嗎？
例如：書櫃裡堆滿很多幾乎全新、沒看過的書；某個櫃子裡有許多幾乎全新、捨不得用的精美餐盤、瓷器。

例如：櫥櫃裡放了很多用不到的馬克杯。

① ＿＿＿＿＿＿＿＿＿放了很多用不到的＿＿＿＿＿＿＿＿＿

② ＿＿＿＿＿＿＿＿＿放了很多用不到的＿＿＿＿＿＿＿＿＿

③ ＿＿＿＿＿＿＿＿＿放了很多用不到的＿＿＿＿＿＿＿＿＿

Q2. 你遲遲沒有整理，或是捨不得用的原因是什麼呢？

＿＿＿＿＿＿＿＿＿＿＿＿＿＿＿＿＿＿＿＿＿＿＿＿＿＿

＿＿＿＿＿＿＿＿＿＿＿＿＿＿＿＿＿＿＿＿＿＿＿＿＿＿

Q3. 你願意賣掉它們，回收一些現金嗎？例如：把一些幾乎用不到的公仔，拿去網路販售，換取一些現金回來：

①把＿＿＿＿＿＿拿到＿＿＿＿＿＿平台／商店販售

②把＿＿＿＿＿＿拿到＿＿＿＿＿＿平台／商店販售

③把＿＿＿＿＿＿拿到＿＿＿＿＿＿平台／商店販售

💰 把這些用不到的東西拿去販售，除了能讓他們找到適合的新主人，也能增加一些收入來源，並且讓家裡的環境更舒適、清爽。

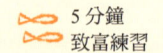

Date：____年____月____日

致富練習 #68 回顧你的發現和改變

恭喜你已經完成〈開源：為自己創造收入〉這一章節的所有練習了！請嘗試回答以下問題，回顧這個單元的內容：

有哪些觀念是你過去未曾發現的？	有哪些觀念是你早就知道，卻遲遲沒有付諸行動？
有哪些部分是你現在就可以開始執行，做出改變的？	請寫下你的練習心得與感想。

Part 5

投資：
保護資產，讓財富增值

49

為什麼你想要投資？

這幾年來通貨膨脹日益嚴重，物價上漲幅度讓民眾感到吃不消。雖然最低工資和時薪有持續調漲，但對許多月薪制的上班族與中產階級而言，薪水和收入增加的幅度根本趕不上物價上漲的幅度。

也許是因為感受到沉重的經濟壓力，再加上新聞媒體傳遞大量金融資訊，以及社群網路充斥著此起彼落的投資討論，讓民眾意識到「你不理財、財不理你」，突然間大家紛紛開始思考投資理財的重要性。

有些人投資成效斐然，財富穩定成長；有些人病急亂投醫，不僅沒有賺到錢，反而把工作辛苦賺來的錢賠個精光，悔不當初。每個人的經濟能力、金融知識、資金來源、風險

承受度都不一樣，這些因素都會影響投資策略，投資前可以思考下列問題[*]：

參考項目	個人狀況
投資目標	你的投資目標是什麼？是追求長期增值、穩定收益，還是短期獲利？
財務狀況	你有多少資金可供投資？你的收入是否穩定？是否有負債？
年齡與家庭狀況	你是單身者？有家庭責任的中壯年人？還是已經退休？
投資經驗	你是否有投資經驗？對市場的了解程度如何？

每個人都想致富，而且希望越快越好。但有些事情是急不得的，若沒有客觀分析自己的現況與需求，很容易人云亦云而失去方向。適合別人的不一定適合自己，投資前應先做好準備再出發，才能走得穩且走得久，賺到錢並守住錢哦！

---

* 資料來源：UpToGo https://uptogo.com.tw/

Date：＿＿＿年＿＿＿月＿＿＿日

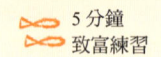

致富練習 #69 思考投資目標

投資前，請先思考以下問題：

投資目標	你的投資目標是什麼？ 你想追求長期增值、穩定收益，還是短期獲利？
財務狀況	你有多少資金可供投資？ 你的收入是否穩定？ 你是否有負債？

49. 為什麼你想要投資？

年齡與家庭狀況	你是單身者？有家庭責任的中壯年人？還是已經退休？
投資經驗	你是否有投資經驗？ 你對市場的了解程度如何？

50

巧婦難為無米之炊

還記得 Part2 提及最穩健也最有效的致富組合嗎?「開源＋節流」和「儲蓄＋投資」的組合裡包含了 4 個要素,前 3 項分別是「開源」、「節流」、「儲蓄」,為什麼「投資」放在最後面呢?因為進行投資的前提是必須要有資金,沒有資金就無法投資。這就如同沒有米的巧婦,無法煮出一鍋飯的道理。

想要投資理財的人最常遇到的問題,就是沒有錢、沒有資金,所以我們經常會聽到類似「要是我有錢就好了,這樣我就可以開始投資,我就能變有錢了」的話。這就像是雞生蛋、蛋生雞,不管是先有蛋還是先有雞,只要有雞或有蛋,就有機會生出更多的雞和更多的蛋,然後再繼續生出更多的雞和更多的蛋,綿延不絕。

世界上大多數的人，都不是含著金湯匙出生，沒有富爸爸、沒有富媽媽。我們都是平凡的一般人，沒有長輩會直接給我們一筆資金，也沒有好運到能中樂透頭獎，直接晉升為億萬富翁。**要改變命運的辦法就是認清事實，掌握自己能控制的部分。**想要投資卻苦惱於沒有錢、沒有資金，這樣的你願意為了自己的將來而去努力改變嗎？還是依然每天自怨自艾，遲遲不想去面對，讓寶貴的光陰與機會不停流逝呢？

我們已經在前面的章節，練習了好多關於「開源」、「節流」及「儲蓄」的提問，有哪些事情是你可以做做看的？有哪些事情是你可以改變的？**當你願意正視自己在財務上所面臨的問題，就算要多花一些努力、犧牲一些享樂、改變一些習慣，只要有無論如何也想要堅持下去的動力，久而久之就會生出多餘的資金**，如此一來就有能力開始投資了。

只要努力開源（賺越多）、謹慎節流（花越少）、持續儲蓄（存越多），就能為自己創造出更多資金進行投資。「有多餘的錢可以投資→投資創造更多錢→有更多錢可以投資……」如此一來就踏上財富增長的循環，讓未來生活更有保障。

5 分鐘
致富練習

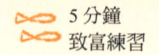

Date：＿＿＿年＿＿＿月＿＿＿日

致富練習 #70 累積更多資金的方法

為了讓自己有更多資金來進行投資，你可以在「開源」、「節流」及「儲蓄」這三方面，做出哪些因應對策？

	你預計採取哪些做法？
開源（增加收入）	
節流（減少支出）	
儲蓄（增加存款）	

投資就像幫你的錢找一份工作

我們上一代有不少長輩,一輩子努力工作,省吃儉用,雖然把大部分的錢都省下來了,老了以後並沒有因此變得富有,甚至擔心這些積蓄不夠安享天年。他們做到了「開源」、「節流」及「儲蓄」,卻沒有進行「投資」。有些人是因為害怕風險,有些人則是不知如何投資。

把錢存在銀行裡雖然很安全,但是微薄的利息卻抵擋不了通貨膨脹的侵蝕,**唯有透過投資,把金錢轉換成資產的形式,才能發揮金錢創造金錢的功能,讓金錢產生增值的效果。**

我們付出時間、心力、體力去工作,獲得的收入稱為「主動收入」或「勞動收入」。如果把儲蓄拿去投資,也就

是幫你的錢也找了一份工作，讓你的錢也開始賺錢、領薪水，此時你除了有自己工作賺來的「主動收入」，還多了一份由你的錢去工作（投資）所賺來的「被動收入」。

當我們把投資想像成「幫錢（儲蓄）找一份工作」的概念時，就容易理解什麼是「把金錢轉換成資產的形式，利用金錢創造金錢」。但另一方面這也提醒了我們，在幫錢找工作的時候必須非常小心，因為就業市場上的職缺良莠不齊，**我們可要為辛苦賺來的錢，慎選一個安全合法、有保障、領得到薪水的工作啊！**

一位上班族每天努力工作，彷彿一隻在滾輪上辛苦奔跑著的倉鼠。現在這個上班族幫自己的儲蓄另外再架設了一個滾輪，讓他的錢也開始跑滾輪賺錢。因為多了一個用錢奔跑、用錢賺錢的滾輪，這個上班族的收入變多了，內心的壓力減少了，甚至有休息的機會。

只要持之以恆進行「開源」、「節流」、「儲蓄」及「投資」，當被動收入有朝一日大於主動收入時，就達成了財富自由的目標，解除經濟壓力的束縛。當然，投資並非穩賺不賠，但只要能事先做好功課，尋找安全穩健的投資工具與方法，就能降低風險、產生獲利，持續增加財富。

Date：____年____月____日

致富練習 #71 你的主動和被動收入

Q1. 你的主動收入來源是什麼？

Q2. 你有被動收入嗎？

Q3. 如果你從未投資過，是什麼原因讓你遲遲不敢跨出投資的第一步呢？

52

投資資產,而非負債

德國理財大師博多・雪佛(Bodo Schäfer)指出:「貧窮的人有債務;中產階級盡力支付義務,並相信自己是在投資;有錢人購買有價值的資產,並不斷增加投資。」[*]理財大師羅勃特・T・清崎(Robert T. Kiyosaki)也曾提出相似的概念:「富人買入資產;窮人只有支出;中產階級買入他們以為是資產的負債。」[†]他們都認為,**想要成為富人,必須要「購買資產」,而且是「有價值的資產」**。

什麼才稱得上是有價值的資產呢?有哪些東西可能會是一般人眼中的資產,本質上卻是「負債」呢?**評估是資產**

---

[*] 出自《億萬富翁為你加薪20％》,博多・雪佛著。
[†] 出自《富爸爸,窮爸爸》,羅勃特・T・清崎著。

或負債的關鍵，在於分析這項投資後續所衍生出來的「金錢流向」。能創造現金流、能產生金錢到皮包裡的東西，就能稱之為資產；相反地，會不斷從皮包裡把錢掏走的東西，就是一種負債。

只要持續購買資產，就能不斷增加財富；如果持續購買負債，則會不斷流失金錢、越來越窮。但是購買日常生活用品、家庭設備等物品時，應把這些開銷歸類為正常消費，不應矯枉過正把它們視為負債。只要聰明消費，就能有效管理金錢的流向。

什麼是看似資產，本質上卻是負債的範例呢？最常見的例子便是有些年輕人出社會工作後，有了一些存款便貸款買汽車。往後每個月除了要繳車貸，還要負擔維修保養費、牌照稅、燃料費、停車費、甚至交通罰單等花費。此外，汽車這項資產的價值從領牌落地後，會持續折舊，資產價值越來越低。

若能善加利用大眾運輸工具，就能把買車、養車的錢拿去投資。一個把錢花在汽車、沒錢投資的小資族，和一個把錢省下來、拿去投資的小資族，數年後財富的差距就會不斷擴大。因此，若能等財富累積到一定水準再買車，對個人的

財務規劃是比較有利的。但營業用的計程車、貨車、餐車、校車、砂石車等車輛，是可以執行業務、產生收益的工具，因此屬於資產項目。

此外，有些人收藏了不少珠寶、包包、模型、公仔、遊戲卡、紀念幣等商品，期待未來能增值。過程中必須花費心力去保養、收納、管理，費心費力又費錢。若能高價賣出、大賺一筆，才能稱得上是資產。然而令人失望的現實狀況卻是，有太多的收藏品購買時很容易，想要脫手變現時才發現有行無市、乏人問津，甚至要降價才有人願意購買。空有行情、很難轉手的資產，最後只能淪落為負債的下場。

某項投資究竟應歸屬資產或負債，在會計的資產負債表中雖有明定的判斷方法，但是個人在進行投資時，還是可以參考博多‧雪佛和羅勃特‧T‧清崎兩位理財大師的觀念，掌控金錢的流向，為自己創造更多的現金流與財富。

Part 5
52. 投資資產，而非負債

Date：＿＿＿年＿＿＿月＿＿＿日

致富練習 #72 檢視資產和負債

請想想過去你所購買的東西，有哪些是資產？有哪些是負債？又有哪些購買時你認為是資產的東西，現在會把它認定為是負債呢？

	項目
資產	① ② ③
負債	① ② ③
看似是資產，本質上卻是負債的東西	① ② ③

常見的 8 種投資工具

投資理財的工具非常多元,無論投資方式、所需資金、獲利形式或風險程度,都有很大的差異。以下為常見的投資工具:

① 股票

股票是代表公司部分所有權的一種有價憑證。公司把所有權分進行分割,並藉由發行股票的方式對外進行籌資。因此投資人只要購買某家企業的股票,就會成為該企業的股東。當公司有獲利、有成長,股東就有機會享受經營成效,例如獲得股利,甚至也能因為股價上漲而賺到價差利益。

然而,也有可能發生公司經營不善、虧損的狀況,此時不僅沒有股利可領,還可能因為股價下跌而造成損失。買賣

股票並非穩賺不賠,投資前應做好功課,以保障自身財產的安全。

② 共同基金

共同基金是將一群投資人的資金集合在一起,交由專業投資機構的基金經理人與研究團隊進行投資。藉由把資金投資在一籃子的標的,來分散投資風險,並以提高績效與報酬為目標。基金的類型相當多元,投資標的涵蓋國內外的股票、債券、房地產、原物料等,投資人可以根據個人需求進行選擇。

投資共同基金的優點是藉由專業人員協助管理資金與投資,讓缺乏金融知識且沒時間研究的人,也有機會獲得專業服務。這些投資機構是以自身的專業能力,主動挑選投資標的,並根據研究數據來增加或淘汰持有的投資標的。投資績效的好壞由所有投資人共同承受,亦即大家一起分享利潤,也一起承擔風險。投資人可以用單筆或定期定額的方式投資,適合想要分散投資風險的投資人。

③ ETF

ETF（Exchange Traded Fund）的中文名稱為「指數型

股票基金」，在本質上和基金很雷同，是由投信公司募集、發行、進行管理。藉由追蹤、模擬或複製某市場指數的組成成分做為投資目標，並將資金用來買進一籃子的投資標的，屬於一種被動型基金。

ETF 由投信公司發行後，投資人可以直接透過證券帳戶進行買賣，這和一般的股票交易方式很相似，因此兼具了基金與股票的特質。由於 ETF 在設計原理上是採用追蹤指數的被動性選擇投資標的模式，再加上以投資一籃子標的來分散風險，所以比較適合沒有時間進行研究的投資人。

然而，ETF 的投資範疇也相當多元，價格起伏與績效表現存在著很大的差異性，並非穩賺不賠的投資工具。投資前應先了解個人的投資目標，再選擇符合個人需求的 ETF，才能獲得預期的效益。

④ 債券

債券是一種類似借據的概念，當政府、金融機構、企業缺乏資金時，可以透過發行債券的方式向社會大眾借錢。購買債券者為債權人，發行債券者則為債務人。債券會註明發行年限及債券利率，發行者承諾每期支付固定利息給債權

人,並於到期時一次清償票面面額的本金。債券期限在 5 年以下為短期債券,5～12 年為中期債券,12 年以上為長期債券。利息也有分每月、每季、半年或一年領。

債券屬於固定收益的商品,目的不是為了獲得超額報酬,主要是為了領固定配息,因此比較適合保守型投資人。雖然債券的相對風險比較低,但當債券發行者無法如期支付投資人利息和本金時,就會產生違約。基本上,債券的信用評等等級越高,違約的機率就會越低。債券並非完全沒有風險,投資前仍要謹慎評估。

⑤ 房地產

在有土斯有財的觀念下,華人普遍想要擁有自己的房地產,一來有安身立命之處,再來能保值,甚至有增值的空間。由於房地產可以用來自住、出租,或是轉手賺差價,具備實用與投資價值,所以是不少人喜愛的投資工具。

投資房地產需要大量資金,除了買賣手續費,後續的維修裝潢、管理費、房屋稅、地價稅等,也需要納入考量。此外,政府政策也會影響房市,利率走向也會影響購屋成本。買房前也需考量地段、屋齡、屋況、交通、生活機能、租金

行情、增值空間等因素。再來也要考量自身的財務狀況、負擔能力、購屋目標是為了自住、收租或投資賺差價等。

房地產投機炒作風氣過盛，導致房價居高不下，已對正常居住需求造成負面影響，實非全民之福。

⑥ 外幣

外幣投資是把資金轉換成外幣（如美元、日圓、英鎊等）存入金融機構，來獲取利息收益。相對於外幣利率，台灣利率長期以來維持在較低水準，導致外幣和新台幣之間存在著利率的利差空間，不少人因而將新台幣換為外幣，藉此賺取利差。貨幣之間的利差雖然有利可圖，但投資人也需要注意匯率波動的風險，以免「賺了利差卻賠了匯差」。

⑦ 外匯

不同國家貨幣之間的匯率關係，會因為各種因素的影響而產生變化，有些投資者會利用外幣之間的匯率波動，透過買賣外幣來賺取利潤。廣義來說，只要與外幣相關的交易，都可稱為外匯投資。其他衍生金融商品包括外幣現鈔、外幣存款、外幣有價證券、外匯保證金、外幣支付憑證、外幣有

價證券、外幣票據等。外匯投資潛藏著匯率風險、利率風險、國家政治風險等因素,投資者應有高度的風險意識。

⑧ 期貨

所謂「穀貴餓農,穀賤傷農」,糧價過高或過低除了會影響農民的收益,也會對主婦或商家造成影響。早期國外為了避免農作物(如小麥)因為盛產或歉收,導致價格波動所產生的風險,因此衍生出期貨交易的制度,做為避險的一種工具。

買賣雙方擬定合約,約定好在未來的某個時間,以特定的價格,交易特定數量的特定農作物,如此一來,可以在當下鎖定未來的時間、數量、價格、商品,這就是期貨最早的概念。

由於期貨買進時只須支付保證金,賣出時才以總價值來計算損益,因此具有以小博大的槓桿效果。然而過程中若價格發生劇烈波動,保證金不足便會慘遭斷頭,而損失本金。投資期貨雖然只需要負擔保證金,但不論收益或是損失都會被槓桿放大,投資時要謹慎小心。

5 分鐘
致富練習

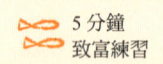

Date：＿＿＿年＿＿＿月＿＿＿日

致富練習 #73 你試過哪些投資工具？

Q1. 你嘗試過哪些投資工具？你為什麼會選擇這些工具？

Q2. 如果你未曾投資過，你覺得什麼樣的投資工具比較適合你？

Q3. 你認識的親朋好友，最常使用的投資工具是什麼？

Q4. 你比較想學習哪個親朋好友的投資方法，為什麼？

54

準備投資的 7 大原則

報章雜誌經常報導各式各樣的投資賺錢案例,身邊也不時傳來誰賺了多少錢的訊息,這讓有些人誤以為投資是穩賺不賠、沒有風險的事情,結果因為道聽塗說,未經評估就貿然投資,不幸遭受損失而懊悔不已。

投資前應該先做功課,了解自己的風險屬性、資金來源、投資目標,然後再選擇適合自己的投資工具與方法。若能注意以下 7 點原則,就能降低風險並提高獲利的機會,讓資產安全穩定成長:

1. 不要投資還不了解的工具,若有疑慮,先做好研究再投資。
2. 確定投資機構、管道是安全合法的。

3. 投資方法必須有明確的規則與程序。

4. 資金的來龍去脈必須透明清楚,損益的計算方式也要有一定的準則。

5. 了解可能產生的獲利與虧損情形,並控管虧損程度在自己可承受的範圍內。

6. 定期檢討投資績效,視狀況調整投資策略。

7. 確保資金的安全,讓資產能保值、增值及產生收益。

Date：＿＿＿年＿＿＿月＿＿＿日

致富練習 #74 投資前的功課

Q1. 投資時，你比較偏好自己進行研究，還是打聽小道消息？

Q2. 如果你偏好自己進行研究，你通常如何做功課？

Q3. 如果你經常打聽小道消息，賺錢的機率比較高？還是賠錢的機率比較高？

Q4. 你會定期檢討自己的投資績效嗎？整體來說，你的資產有持續增加嗎？

55

評估風險

努力賺錢、省吃儉用,好不容易存到一筆資金拿來投資,眼看著財富自由的日子終於近了,但事與願違,竟然虧損連連,為什麼會發生這種慘事?那是因為我們通常只關注投資利益,卻忽略了投資其實也伴隨著潛在的風險。

投資風險包含了「系統風險」和「非系統風險」。系統風險又稱為市場風險,主要來自整體環境因素,例如:戰爭、政局動盪、天災人禍、金融風暴、景氣循環、通貨膨脹、利率政策、失業指數、就業指數等。這些風險通常難以規避或分散,影響層面涵蓋所有的投資產品與產業。

相對地,非系統風險則是來自於特定的產業、企業、商品類型等因素,例如:缺料、罷工、企業醜聞、工廠火警、

黑心產品下架等,而對公司營運造成重大損害。然而,投資者可以透過多元化資產配置,來分散單一投資風險,也能藉由提升個人投資能力,評估、挑選安全性較高的投資組合。

此外,政府也有規定金融機構在提供交易金融商品前,必須對顧客進行「投資人風險屬性分析」,讓顧客了解自身的風險承受度,同時也能讓金融機構根據客戶的風險承受度,來推薦合適的投資商品,確保消費者的利益與安全。

如果測試結果顯示風險承受度較低的人,為了避免投資損失超過自身能承受的範圍,最好選擇風險性較低的投資標的,雖然獲利程度也許比較少,但保障財產安全才是首要考量。然而,即便測試結果顯示擁有較高的風險承受度,在追求高報酬的同時,也別忽略高風險可能造成的巨額虧損,每個人都應該好好守護自己的資產。

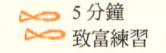

Date：＿＿＿年＿＿＿月＿＿＿日

致富練習 #75 投資人的風險屬性評估

你了解自己的風險承受度嗎？你曾做過「投資人的風險屬性」評估嗎？即便曾經做過這個檢測，也會因為投資經驗的累積而提高風險承受程度，也可能因為年紀的增長而降低風險承受度。每個人在不同時期，會因為各種條件的變化而略有差異。現在，就來測試自己現階段的風險承受程度吧！

【投資人的風險屬性評估】

Q1. 你投資金融商品最主要的考量因素是什麼？即你的投資目的是什麼？

A. 保持資產的流動性

B. 保本

C. 賺取固定的利息收益

D. 賺取資本利得（價差）

E. 追求總投資報酬最大

Q2. 你的投資經驗（時間）多長？

A. 沒有經驗

B. 1～3 年

C. 4～6 年

D. 7～9 年

E. 10 年以上

Q3. 你曾經投資過那些金融商品?(可複選)

A. 台外幣存款、貨幣型基金、儲蓄型保險

B. 債券、債券型基金

C. 股票、股票型基金、ETF

D. 結構型商品、投資型保單

E. 期貨、選擇權或其他衍生性金融商品

Q4. 你預計投資多久時間?

A. 未滿 1 年

B. 1 年(含)以上～未滿 3 年

C. 3 年(含)以上～未滿 5 年

D. 5 年(含)以上～未滿 7 年

E. 7 年(含)以上

Q5. 你在具價值波動性的商品(包括股票、共同基金、外幣、期貨等),有多少年投資經驗?

A. 沒有經驗

B. 1～3 年

C. 4～6 年

D. 7～9 年

E. 10 年以上

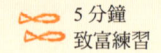

Q6. 在一般情況下,你能接受的價格波動大約在哪種程度?

A. 價格波動介於 ±5%之間

B. 價格波動介於 ±10 之間

C. 價格波動介於 ±15%之間

D. 價格波動介於 ±20%之間

E. 價格波動超過 ±20%

Q7. 假設你有 100 萬元的投資組合,你可以承擔最大本金下跌幅度為何?(如果此題選擇 A,你的風險屬性為「第 1 級保守型」。)

A. 0%

B. － 5%

C. － 10%

D. － 15%

E. － 20%以上

Q8. 如果你持有的整體投資資產下跌超過 15%,請問對你的生活影響程度為何?

A. 無法承受

B. 影響程度大

C. 中度影響

D. 影響程度小

E. 沒有影響

Q9. 當你的投資超過預設的停損或停利點時，你會採取哪種處置方式？

A. 立即賣出所有部位

B. 先賣出一半或一半以上部位

C. 先賣出一半以內部位

D. 暫時觀望，視情況再因應

E. 繼續持有，到回本或不漲為止

Q10. 當你的投資組合預期平均報酬率達到多少，你會考慮賣出？

A. 5％

B. 10％

C. 15％

D. 20％

E. 25％以上

Q11. 若有臨時且非預期的事件發生時，請問你的備用金相當於你幾個月的家庭開支？（備用金是指在沒有違約金的前提下，可隨時動用的存款。）

A. 無備用金儲蓄

B. 3個月以下

C. 3個月（含）以上～6個月

D. 6個月（含）以上～9個月

E. 9個月（含）以上

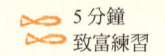

Q12. 你偏好以下哪類風險及報酬率的投資組合？

A. 沒有概念

B. 絕對低度風險投資組合＋穩健保本

C. 低度風險投資組合＋低度回報

D. 中度風險投資組合＋中度回報

E. 高風險投資組合＋高度回報

【投資人的風險屬性計分表】

下表是根據你對前述問題的回答，加總分數（A 選項 1 分，B 選項 2 分，C 選項 3 分，D 選項 4 分，E 選項 5 分），藉此評估你按照自身投資屬性，在面對風險時的承受度。

分數	風險屬性分類	定義
5 ≦總分≦ 12，或 Q7 選 A 選項者	第 1 級 保守型	你能承受的資產波動風險極低。極度保守的你注重本金的保護，寧可讓資產隨著利率水準每年獲取穩定的利息收入，也不願冒險追求可能的可觀報酬。你的理財目的可利用銀行存款，或具有穩定收益的產品來達成。
13 ≦總分≦ 21	第 2 級 安穩型	你能承受的資產波動風險低。除了注重本金的保護，你願意承受有限的風險，以獲得比定存高的報酬。所以除了定存和貨幣市場工具，建議可將部分資金配置在投資等級的固定收益或平衡型商品。

分數	風險屬性分類	定義
22≦總分≦32	第 3 級 穩健型	你能承受的資產波動風險中庸。穩健的你期望在本金、固定利息與資本增長達致平衡。可以接受短期的市場波動，並且了解投資現值可能因而減損。穩健的投資組合可以包括多種類別的資產，透過風險分散的方式獲得穩健的投資報酬，但仍須留意個別產品類型的波動性。
33≦總分≦45	第 4 級 成長型	你能承受的資產波動風險高。為了達成長期的資本增長，你願意忍受較大幅度的市場波動與短期下跌風險。成長的投資組合可以包括各種類別，且預期報酬率較高的資產，但建議你採取分批投入，且設定停損停利點以便循序漸進達到你的投資目標。
46≦總分	第 5 級 積極型	你能承受的資產波動風險極高。你不停尋找獲利市場，並願意大筆投資在風險屬性較高的商品。積極的投資組合中資產類別包羅萬象，且在必要時利用槓桿操作來提高獲利，但因市場反轉所造成的資本下跌風險偏高，建議嚴格執行停損停利的投資原則，才能達到長期資產增值的目的。

（資料來源：永豐金證券）

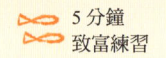

Date：＿＿＿年＿＿＿月＿＿＿日

致富練習 #76 你是什麼類型的投資人？

Q1. 在致富練習 #75 的投資風險屬性測驗中，你的結果為：

☐ 第 1 級保守型

☐ 第 2 級安穩型

☐ 第 3 級穩健型

☐ 第 4 級成長型

☐ 第 5 級積極型

Q2. 這個結果和你預期差不多，還是讓你感到出乎意料？

_____

_____

Q3. 每個人的風險屬性都不一樣，我們應當認清自己的能力，避免做出逾越風險承受程度的決策。追求獲利的同時，也要做好風險管理。為求慎重起見，請參考前面練習所提供的表格，把自己的分數、風險屬性分類、定義，親自用筆寫下來，在投資前提醒一下自己。當你的投資經驗越來越豐富，資金與能力也提升了，重新測試風險屬性程度也有機會提升分數，屆時就可以重新調整自己的投資策略了。

分數	風險屬性分類	定義

56

錢再賺就有？

在進行投資理財時，低風險通常伴隨著低報酬率。低報酬就如同龜兔賽跑中的烏龜，實在走太慢了，讓人受不了。

有些人為了能夠及早達到財富自由的目標，甘願承擔較大的風險來獲得較高的報酬。因為想要快速致富，所以抱持著賭一把的心態而輕視風險，每當賠錢時就安慰自己錢再賺就有。

錢再賺就有確實沒錯，卻是把原本可以休息的時間或做其他事的時間拿來工作，**所賺到的錢不是用來享受，而是用來彌補投資損失**。原本投資目的是為了獲得額外報酬，提早退休享受生活，結果卻是越投資越糟，得不償失。

用「分數」來呈現風險承受程度的高低，畢竟還是有一

點抽象。既然大多數人的投資目的是希望能早日離開職場、獲得自由，不如把「投資賺錢」vs「投資賠錢」的概念，轉換成「少奮鬥幾年」vs「多工作幾年」的方式，來計算時間成本。

如果想進行某個投機性比較高、風險比較大的投資時，不妨先估算一下，若不幸失敗可能會賠多少錢，然後換算這筆錢你未來要再多工作多久的時間，才能賺得回來，你願意嗎？這就是真正的「風險承受能力」。

例如：某人不慎投資虧損 50 萬元，若一個月薪水是 4 萬元，換算下來就是 12.5 個月，也就是必須白白打工一年又 0.5 個月（500,000÷40,000 = 12.5）的時間來還錢。

在追求高獲利、高報酬的同時，也要想想發生高風險、高虧損的可能性。錢再賺就有沒錯，但如果需要工作好幾個月、甚至好幾年的薪水，才能彌補這些虧損，你要問問自己是否能承擔得起這個後果？

每個人都希望投資賺錢，但有時總是事與願違，在追求獲利的同時，也要控管投資風險哦！

Date：＿＿＿年＿＿＿月＿＿＿日

致富練習 #77 檢視賺錢和賠錢的比例

Q1. 整體來說，你投資賺錢的比例比較高？還是賠錢的比例比較高？

Q2. 如果你賺錢的比例比較高，你覺得成功的主要原因是什麼？

Q3. 如果你賠錢的比例比較高，你覺得虧損的主要原因是什麼？損失這些金錢，對你的生活造成哪些影響？

57

短線操作 vs 長期投資

在商場上，交易熱絡、生意興隆，可以讓企業賺取更多收入；在餐廳裡，翻桌率越高、用餐人數越多，也能增加獲利。那麼，在股市裡短線操作、快速進出，是不是也能賺到更多錢呢？

根據台灣證交所的統計數據發現[*]，2023 年，外資法人透過當沖交易的總損益為＋194 億元，本土法人與投信的總損益為＋1.6 億元。令人訝異的是，超過百萬名的本土自然人，也就是所謂的「散戶大軍」，總損益卻是「－291.2 億元」。由此可知，一般的投資人即便做足了研究功課，仍無

---

[*] 資料來源：東森新聞〈外資當沖大賺 194 億　百萬散戶沒贏過　他勸：別再當提款機〉https://pse.is/73qsmj

法戰勝外資與法人，慘遭被割韭菜的下場。

除了股票，許多金融商品也都有提供短線操作的交易模式，讓風險承受度比較高的人，可以利用快狠準的方式來投資。究竟短線操作比較有效率，或是長期投資比較安穩呢？其實並沒有標準答案，因為兩種方式都有人獲利，但也有人虧損。

有些人覺得自己眼光精準，有能力快速預測股市的漲跌，要禁止這些人不做短線、不投機的話，不免會感到有志難伸、失去快速致富的大好機會。但如果炒作短線投資失利，而把錢賠光光的話，也會危害個人或家庭的財務安全。

若真的很想以短線交易的方式進行投資，又無法明確斷定自己是否具備這樣的能力，可以先採取實驗的做法，之後再做出投資決策。方法就是到不同的證券公司（或同一家證券公司的不同分行），開設兩個獨立的證券帳戶（將會有兩個不同的銀行帳戶），再把自己的資金分成兩半，分別存到這兩個銀行帳戶裡。其中一個帳戶專門用來進行短線操作，另一個帳戶專門用來長期投資。

設定一年或兩年後，讓數字績效說話。如果做短線十拿

九穩、績效斐然,就可以把做短線的資金提高為 70％,中長期資金降低為 30％。但如果短線操作有時候大賺一筆,有時候不小心就把獲利連本帶利全部吐回去,整體而言賺少賠多,這時候就必須認清自己沒有炒作股票能力的事實,然後把做短線的資金降低為 30％,長期資金增加為 70％。

總而言之,只要持續嘗試、檢視和調整,找到適合自己的方法,就可以累積更多的財富。

Part 5
57. 短線操作 vs 長期投資

Date：＿＿＿年＿＿＿月＿＿＿日

致富練習 #78 你適合短線還是長期投資？

Q1. 你羨慕在股市裡炒短線、殺進殺出，而賺到很多錢的人嗎？

Q2. 你認為這樣的人，能夠賺到錢的原因是什麼？

Q3. 如果你有投資股市的經驗，檢視下來，是短線操作賺到的錢比較多，還是長期投資賺到的錢比較多呢？

Q4. 你覺得自己比較適合短線操作還是長期投資，為什麼？

58

慎防投資詐騙

近年來，投資詐騙案件與金額持續增加。2023 年，國內發生的詐欺案件總數為 3 萬 7984 件，總金額 88 億餘元；其中又以投資詐欺最嚴重，有 1 萬 1719 件（30.85％），詐欺財損金額為 53 億餘元[*]。

金管會指出，4 大主要投資詐騙的型態分別是：冒名金融業者；用電話、簡訊和 LINE 群組勸誘買股；運用金融商品交易平台（APP）；透過虛擬通貨交易平台，他們的手法分別如下[†]：

---

[*] 資料來源：ETtoday 新聞雲〈打詐越打越多！去年詐騙 4 萬件、財損 88 億 6 年新高　投資詐騙破 3 成〉https://pse.is/73qt2f

[†] 資料來源：工商時報〈投資詐騙廣告每月平均 1,939 件！金管會示警四大態樣〉https://pse.is/73qt7p

① 冒名金融業者

假冒合法證券業者、金融機構發送簡訊,招攬加入 LINE 群組。或是假冒財經名人成立群組,鼓吹投資特定商品或下載特定 APP。

② 用電話、簡訊和 LINE 群組勸誘買股

以 LINE 群組假裝提供高獲利飆股資訊,勸誘投資港股或台股。以電話推薦飆股方式或以簡訊提供網路連結方式,勸誘民眾點選連結及加入網路群組。

③ 金融商品交易平台(APP)

推薦民眾安裝假的投資平台 APP,宣稱該 APP 可以插隊搶漲停股票,並保證獲利。投資人先在該平台操作,買到漲停股票並有小額獲利,接著便會被要求持續加碼匯款,直到投資人發現沒辦法將獲利提領出來,才知道受騙了。

④ 虛擬通貨交易平台

宣稱以虛擬貨幣交易可獲高收益,或先提供飆股方式,逐步勸誘民眾投資虛擬貨幣。

投資詐騙的手法不斷翻新,如果在廣告中看到「獲利翻倍、輕鬆賺錢」這類關鍵字,一定要保持警覺。如果有疑慮,可以撥打 165 反詐騙專線,或到 165 全民防騙網進行確認。必要時可以提出檢舉,保護自己也保護他人。

Part 5
58. 慎防投資詐騙

Date：＿＿＿年＿＿＿月＿＿＿日

致富練習 #79 培養不受騙的敏銳度

Q1. 你曾經在網路上看到很吸引你的投資廣告嗎？

_____
_____

Q2. 你能分析一下，這類廣告通常會用什麼方式來吸引人嗎？

_____
_____
_____

Q3. 你是否曾經察覺某些投資廣告是詐騙，你怎麼發現的？

_____
_____
_____

Q4. 為了避免未來被某個誘人的投資廣告深深吸引而加入社群，你現在能預想一些提醒自己避免上當受騙的方法嗎？

_____
_____
_____
_____
_____

> 5分鐘
> 致富練習

59

小額資金的長期複利

在台灣，投資股市、購買股票，是大眾接受度很高的常見投資工具。新聞媒體與報章雜誌每天都會有大量關於股市的報導，而親朋好友之間也常會聊到股市的話題。在股市賺大錢的傳奇實在太多了，這讓不少人懷著股市掏金夢，期待自己也能透過股票大賺一筆。

股神巴菲特認為：「想在股市裡賺錢，必須在自己的能力範圍內，冷靜明智分析投資機會。只有審慎評估事實、持續堅守紀律，才有可能賺到高報酬。對許多人而言，最佳做法是長期投資一檔指數型基金。只要定期投資一檔指數基金，一無所知的投資人實際上能打敗多數專業人士。」[*]

---

[*] 出自《巴菲特寫給股東的信》，華倫・巴菲特、勞倫斯・康寧漢著。

59. 小額資金的長期複利

在股市裡，想要擁有超額報酬，除了需要有過人的操盤能力，也需要大額的資金。「操盤能力」與「大額資金」正是一般民眾所欠缺的，要不是缺能力、就是缺錢，或是兩者皆缺，所以往往發生沒有能力分析而賠錢的狀況，或是沒有錢而錯失投資的機會。

過去，大家常有「一桶金」的迷思，認為必須存到一桶金（100萬）才有足夠的資金。然而就算每個月存1萬，也需要將近8年後才能存到100萬，緩不濟急。巴菲特說：「人生就像一個小雪球。重要的是，要找到溼的雪和一個非常長的山坡。」這句話的意思，**是指投資越早開始越好，即便是小額投資也能藉由時間的複利效果，創造出長期投資的財富增值效果。**

選定一個發行已久、配息穩健、有歷史參考資料的ETF，每個月定期定額投資。至於金額就以自己能力為優先，例如：3,000元、5,000元、6,000元、10,000元等，設定好扣款日期與約定，把投資手續自動化、系統化，這樣就能避免怠惰、拖延的習慣，也能克服面對股市、股價高低起伏的恐懼。長期定期定額投資的過程中，會經歷股價的起起伏伏，有時買在高價，有時買在低價，所有價格長期分散下

來就會成為一個平均價格,相對而言比較穩定。

股價跌(低)時不要擔憂,因為可以多買到一些股數,加速股票資產的累積存量;股價漲(高)時能買到的股數雖然變少了,但是股票的資產市值卻變高了,心情會因為覺得自己變得更富有而喜悅。

領到股利時,不能把錢隨便花掉,要再把這些錢拿來進行投資,也就是之前曾提及的「幫利息找一份工作」,讓它們去上班領薪水。當你把利息再用來購買 ETF 的股票(金額不夠買一整張,就買零股),之後這些「零成本」的股票也會加入配息的行列,展開錢滾錢、利滾利的循環。

定期定額投資 ETF 的方法雖然無法快速致富,但對於沒有時間研究股票、沒有大額資金可以投資的人,卻能透過小額資金、長期複利效果,安全穩健地持續累積財富。

Part 5
59. 小額資金的長期複利

Date：＿＿＿年＿＿＿月＿＿＿日

致富練習 #80　可進行投資的閒置資金

Q1. 你有充裕的閒置資金可以投資嗎？你認為應該要具備多少資金才可以進行投資？

Q2. 如果沒有太多閒置資金可以進行投資，你會考慮每個月用小額資金開始定期定額投資屬性比較安全的 ETF 嗎？

Q3. 你有定期定額投資 ETF 嗎？投資標的是哪些呢？選擇的原因是什麼？

5分鐘致富練習

Q4. 如果你過去沒有定期定額投資 ETF，現在想要試試這個方法，你可以說說哪些特質的 ETF 會比較吸引你呢？請分析比較後，再做出適合自己的決定哦！

_____

_____

_____

_____

_____

💲 有些證券公司的定期定額門檻很低，甚至 1,000 元即可設定哦！

60

機會成本投資法

我們工作賺錢，除了為了維持基本開銷，也是想讓生活更快樂、更美好。只是有時會買了一些用不到的東西，在無形中產生浪費，例如：明明吃不下那麼多，卻點了滿滿一桌菜，通常這時候會怎麼辦呢？

一，怕浪費所以硬把食物全部吃光，除了會讓腸胃不舒服，腰圍還會越來越寬、體重越來越重，讓身體變得不健康。二，怕浪費所以硬把食物全部吃光，因為擔心變胖所以必須做更多運動，或是再多花一筆錢購買減肥類的茶飲、食品來幫助消化。三，把剩菜剩飯打包回家，結果食物到隔天已經變得不新鮮、不美味了。四，把剩餘食物全部丟進廚餘桶，對地球環境造成負面影響。

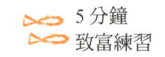

一盤 120 元的小菜能改花在什麼地方呢？現在有許多股價 10 元、20 元的 ETF，120 元可以用來購買股價 10 元的 ETF 共 12 股，或購買股價 20 元的 ETF 共 6 股。這個「改花」的概念，其實就是**在花錢之前先用「機會成本」的角度，來考慮金錢的價值與效用，幫助自己評估消費決定，把金錢花在更值得的地方。**

只要改變點餐的習慣，一開始只點吃得完的分量，吃不夠時再加點，通常會發現原本點的食物其實已經夠吃了，就能省下一些餐點的錢，這樣的方法是我們平時就可以開始練習的。

生活中還有好多機會成本的例子，例如：一顆 100 元的扭蛋，打開後就失去驚喜、被丟在一旁，100 元可以用來購買股價 10 元的 ETF 共 10 股，或購買股價 20 元的 ETF 共 5 股。一件你已經有類似款式，價格 1,000 元的衣服，可以用來購買股價 10 元的 ETF 共 100 股，或購買股價 20 元的 ETF 共 50 股。

其實，一張 ETF 或一張股票，是由 1,000 股零股所組合而成。我們可以把它想像成是一張 1,000 片的拼圖，只要一片一片拼，就能拼出一張完整的拼圖。以這樣的觀點來累

積 ETF 的零股數量,每一筆小錢都很重要。

我們經常哀嘆自己沒有多餘的錢用來投資,**但只要把生活中一些可有可無的支出節省下來,把它們轉變成「零股基金」,如此一來,每天都能為自己「存零股」。5 股、10 股慢慢累積,就能聚沙成塔、積少成多,沒有負擔地增加資產。**可以在家裡準備一個撲滿或存錢盒,每天把用機會成本省下來的錢,投到撲滿裡,每隔一段時間再把錢存到銀行帳戶中,就有資金啟動「機會成本投資法」了!

5 分鐘
致富練習

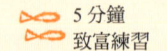

Date： ___年___月___日

致富練習 #81 將節流金額換算成零股

　　你是否常買一些可有可無的東西，或是買了一些用不太到的東西，造成浪費呢？這些東西的金額是多少？如果把這些錢省下來轉換為 ETF，可以買到多少數量的零股？現在，我們就以價格 10 元的 ETF 為基礎，換算一下這些東西的機會成本吧！

商品名稱	金額	機會成本（可轉換成股價 10 元的 ETF 共___股）
一盤吃不完的小菜	120 元	12 股
被丟在一旁的扭蛋	100 元	10 股
	元	股
	元	股
	元	股
	元	股
	元	股
	元	股
	元	股

61

投資身心靈的健康

　　健康是每個人活著的最重要根本,當身心靈都維持在健康的狀態時,我們可以擁有愉悅心情並保持活力,在面對各種壓力與挑戰時,有更多勇氣、力量去應對處理。因為有能力解決來自工作、事業、家庭等各方面的問題與任務,所以不斷累積信心,讓自己越來越好,踏入正面循環的模式,人生的道路也越來越開闊。

　　有了健康的身心靈,上班時能保持專注力,提高工作績效與表現,因此有機會獲得升遷和加薪的機會。再來也不會因為常常生病需要請假,請病假除了被扣薪水,回去上班必須完成手上既有的工作,還要把病假時尚未完成的任務做完,等於是讓剛復原的身體承受 2 倍的工作量,而讓人感到吃不消。生病看醫生又多出了一筆醫藥費用,除了造成經濟

負擔,也擔心吃藥有副作用而產生心理負擔,反而又增加新的壓力來源,不知不覺步入負面循環。

每個人出生時的身心靈狀態雖然不一樣,**但只要我們願意多付出一些心思來關照自己,就能讓健康狀態越來越好。**在忙碌之餘,找出適合自己興趣與體能的運動項目,例如:瑜珈、慢跑、健身操、重訓等,鍛鍊肌肉與培養體力。也能利用假日時光,外出旅遊踏青,呼吸新鮮空氣,放鬆心情,紓解一週以來累積的工作與生活壓力。也可以培養一些興趣,例如:學攝影、學畫畫、學插花等;或是在家輕鬆閱讀、聽音樂、種植栽等,透過這些活動,都有助於讓心靈愉悅。

再來也要注意自己的飲食狀況,維持三餐均衡,細嚼慢嚥,避免暴飲暴食。如果是外食族,就儘量選擇一些比較健康的餐點。在生活作息方面,觀察自己每天起床與就寢、工作、通勤、休息、飲食、運動、和家人親友互動等方面的生活習慣,維持規律與合適的作息,讓自己有精神、有活力,心情愉快又健康。

我們一定要好好投資自己的身心靈,有了健康做為後盾,才有能力追求事業、財富與人生夢想,並有體力去享受你努力打拚的成果。

Date：＿＿＿年＿＿＿月＿＿＿日

致富練習 #82 覺察自己的身心健康

Q1. 你覺得自己在身心靈等各方面還算健康嗎？

Q2. 如果有感受到自己在某些方面的健康狀況不太好，你知道是哪些方面嗎？

Q3. 你可以分析一下，造成自己不健康的原因是什麼呢？你可以先從哪些地方開始做一些改善？

Q4. 你理想中的身心靈狀態是什麼模樣呢？給自己一個夢想，然後鼓起勇氣和毅力，朝這些目標一步步前進吧！

62

投資人際關係

從小到大,在我們會經歷不同的成長階段、面臨不同的生活環境、面對不同的社會關係。我們在家庭、街坊鄰居、學校、企業職場、社團社群等,和家人、同學、師長、親戚、朋友、同事等,有許多互動與交流,而這些人際關係則會對個人產生影響。良好的互動、溝通、理解、分享與支持,有助於營造人與人之間的情感連結,讓個人在群體中有歸屬感,無形中也會使身心更健康。

俗話說「在家靠父母、出門靠朋友」,「靠」的意思是「仰賴、依憑」,指出了父母和朋友的重要性。但是在講求自立自強的現代社會,除了父母,我們在外界環境中所遇到的朋友、同學、鄰居、同事、長官等,誰會平白無故讓你靠呢?人與人是基於互信、互利、互助等基礎,而逐漸建立起

良好的人際關係和深厚的情感連結,沒有這些基礎,別人是很難願意讓你「靠」的。

我們並非真要貪圖別人的援助,所謂「靠山山會倒、靠人人會跑」,我們必須好好培養自己的實力與能力,成為自己最堅強的後盾。然而不可否認的,人際關係在社會環境的許多層面,潛藏著許多無形的重要影響力。有了良好的人際關係,可以讓個人在家庭、學校、職場、社團、社群等各種環境中,和他人相處得更融洽,也有機會獲得更多幫助,甚至有更好的發展空間。

因此我們也必須花一些心思,投資自己的人際關係,**與外界保持良好的互動,為自己帶來更多的助力,減少不必要的阻力,營造出有利的社交環境**。然而,一旦感受到某些人或團體不適合自己,或與自己的價值觀和人生方向悖離,和這些人相處總會感受到能量不斷耗損時,也要勇敢地守護自己,與這類人際關係進行斷捨離。

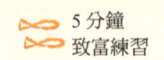

Date：＿＿年＿＿月＿＿日

致富練習 #83 覺察自己的人際關係

Q1. 整體來說，你覺得自己的人際關係好嗎？你的 **EQ**（情緒商數）高嗎？

Q2. 你曾經發生過哪些因為人際關係不佳而吃虧的經驗呢？

Q3. 你覺得改善自己哪些方面的言語、態度、行為，可以讓自己的人際關係更好？

Q4. 你身邊有哪些人擁有良好的人際關係？他們身上有哪些值得學習的地方？

Part 5
62. 投資人際關係

Date：＿＿＿年＿＿＿月＿＿＿日

致富練習 #84　回顧你的發現和改變

恭喜你已經完成〈投資：保護資產，讓財富增值〉這一章節的所有練習了！請嘗試回答以下問題，回顧這個單元的內容：

有哪些觀念是你過去未曾發現的？	有哪些觀念是你早就知道，卻遲遲沒有付諸行動？
有哪些部分是你現在就可以開始執行，做出改變的？	請寫下你的練習心得與感想。

Part 6

你的人生，
由你掌握

63

彈性運用致富組合

如同本書在一開始所提及的,「開源+節流」和「儲蓄+投資」這兩個致富組合,雖是看似普通、老生常談的方法,但也是大多數可以憑藉個人能力,在日常生活中落實執行的穩健方法。**只要朝著賺越多、花越少、儲蓄越多、投資越多的目標前進,財富就會逐漸增加,若能善用複利效果,甚至還能使資產加速增長。**

理想的狀態,是同步進行、均衡發展「開源」、「節流」、「儲蓄」和「投資」。然而,每個人都是獨一無二的,擁有不同的特質、能力、偏好、傾向。有些人特別會開源,有些人擅長節流,有些人能想盡辦法把錢存下來,有些人則是投資功力一流;當然,每個人也會有自己比較弱的面向。如同參加比賽一樣,只要在個人強項中努力得分,在弱項中

避免失誤,就能提高獲勝的機會。

　　學習致富組合的原理與技巧後,**接下來就是要了解自己的優勢與劣勢,先在拿手的、有興趣的方向努力,之後再逐漸克服自己的弱點,截長補短、循序漸進,達到事半功倍的效果**。在致富練習的過程中,給自己一些空間,彈性運用致富組合的方法,必要時調整節奏與步伐,讓自己更有信心邁向財富自由的未來!

5 分鐘
致富練習

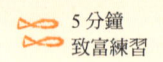

Date：＿＿＿年＿＿＿月＿＿＿日

致富練習 #85 覺察你的優勢和劣勢

Q1.「開源」、「節流」、「儲蓄」和「投資」，哪一項方法對你來說比較容易執行？哪一項比較困難呢？請按照容易到困難的程度，依序註記 1、2、3、4。

開源	節流	儲蓄	投資

Q2. 現階段，你能想出哪些「開源」的方法並開始執行？

Q3. 現階段，你能想出哪些「節流」的方法並開始執行？

Q4. 現階段，你能想出哪些「儲蓄」的方法並開始執行？

Q5. 現階段，你能想出哪些「投資」的方法並開始執行？

64

擬定人生目標

經過這陣子的練習，相信你一定建立了許多投資理財觀念，而且也躍躍欲試，期待讓自己擁有富足快樂的人生了。

一般來說，沒有目標的話，就很難有具體的執行方向。從小到大，我們可能訂過各種人生目標，有些順利達成，有些半途而廢。現在，讓我們稍微暫停一下，想想心中的願望與夢想，然後把它分成不同階段，寫下自己想要達成什麼樣的目標。

我們在這裡先做個小練習，之後你可以再仔細思考，列出更具體明確的目標。先努力去實踐這些目標，但未來也有可能因為人事物與環境的變化而需要做調整，所以在過程中要讓自己保持異動的彈性，相信你一定會越來越富足，實現

財務自主的夢想。

圖表 6-1 是簡單的目標範例,你可以寫出更適合自己的內容哦!

圖表 6-1　短、中、長期人生目標範例

時間	目標	執行事項
3 個月	生活目標	● 每天喝 4 杯 500cc 的白開水。 ● 每天晚上 11 點關手機,12 點就寢。
	財務目標	● 開始記帳。 ● 去證券公司和銀行開立投資帳戶。 ● 每個月存 3,000 元,並且開始每個月定期定額 3,000 元,投資一檔 ETF。
3 個月～1 年	生活目標	● 每週運動 2 天,每次跑步 30 分鐘。 ● 體重減少 2 公斤。 ● 把家裡的一些物品進行斷捨離。
	財務目標	● 把每個月的存款金額,從 3,000 元增加為收入的 10%。
1～3 年	生活目標	● 每季安排一次家庭國內旅遊。 ● 通過某項證照檢定。 ● 學英文。
	財務目標	● 將每個月定期定額 3,000 元投資一檔 ETF,提高為每個月定期定額 3,000 元投資兩檔 ETF。 ● 研究股票的投資方法,並把一部分資金拿來投資股票。

64. 擬定人生目標

時間	目標	執行事項
10 年後	生活目標	• 每年安排一次家庭國外旅遊。 • 戒除抽菸的習慣
	財務目標	• 銀行帳戶中有 500 萬元的股票和存款。
退休後	生活目標	• 到圖書館當志工。 • 每天固定運動 30 分鐘。 • 每個月與朋友聚餐、旅遊。
	財務目標	• 銀行帳戶中有 2,000 萬元的股票和存款。 • 每個月有 10 萬元的生活費可自由支配（包含退休金、股利、保險等）。

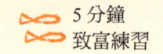

Date：＿＿＿年＿＿＿月＿＿＿日

致富練習 #86 寫下你的目標

準備好寫下你的計畫了嗎？這只是一個小練習，你可以根據自己的需要與習慣，重新製作表格，並設計合適的時間區間與目標計畫哦！

時間	目標	執行事項
3 個月	生活目標	
	財務目標	
3 個月～1 年	生活目標	
	財務目標	
1～3 年	生活目標	
	財務目標	
10 年後	生活目標	
	財務目標	
退休後	生活目標	
	財務目標	

65

取得家人的共識與支持

在執行計畫的時候，除了出於個人因素而無法貫徹，有時也會遭遇來自親朋好友的阻礙，而無法順利進行。例如：當你決定樽節支出、把一些錢省下來儲蓄，朋友卻不斷邀請你參加聚餐，不去參加會擔心被朋友排擠，去參加則擔心自己會回到過去的消費模式，無法把錢存下來。為了讓計畫持續下去，可以誠實告訴朋友們你的計畫，取得他們的體諒，甚至邀請他們一起加入你的投資理財目標。

跟單身者比起來，有家庭成員的人在進行投資理財計畫時，要克服的人際問題就更困難與複雜了。因為要增加一些儲蓄、節省一些開銷，甚至為了多賺一些錢而必須增加工作時間，這些都會影響到家人習以為常的消費行為與生活作息，若大家無法配合、不願意調整，就會引起家庭紛爭，以

失敗告終。

此外,夫妻之間的金錢觀、價值觀、財務能力、權利義務的分攤,若存在著很大的差異,要達成共識就比較不容易。所以最好把自己的投資理財計畫、短中長期的目標,以及預計的執行方法,開誠布公地提出來討論。夫妻提出各自的想法,商討可行的辦法,最後再決定出雙方都可以接受的折衷方式。

當然,家中其他成員,例如:雙親和子女,也都需要能夠體諒接受。取得全家人的共識與支持後,家庭財務計畫就能順利執行,讓家人迎向富足幸福的未來。

Part 6
65. 取得家人的共識與支持

Date：＿＿＿年＿＿＿月＿＿＿日

致富練習 #87 和家人討論議題

為了讓自己的投資計畫能順利進行，取得家人與親友的共識和支持是非常重要的。請你把需要進行溝通的對象列出來，分析你們在觀念上與行為上的差異，想想應該如何和他們討論。

對象	討論的議題

66

富足人生操之在你手中

恭喜你已經完成了所有的練習,這是多麼不容易的一段旅程!此時此刻的你,有鬆了一口氣的感覺,還是感覺有點沉重呢?我想,這應該是一種悲喜交加、五味雜陳的感覺吧。喜的是,原來投資理財並沒有想像中困難,它就如同呼吸一般自然,和我們的日常生活習習相關。悲的是,過去已習慣瀟灑自在生活的人,如果想要邁向財富自主的未來,這些練習會不會反而帶來綑綁和限制,讓人失去自由呢?

我們每個人,都是在過去有意識或無意識的行為下,慢慢塑造出既定的思維與習慣,然後成為截然不同的個體。你的行為與習慣,是否有引領你成為自己所嚮往的那種人,享受自己期盼的生活?如果你內心深處知道,這不是你想要的自己,也不是你想要的生活,那麼你是否願意提起勇氣,誠

實面對那些困住自己的金錢議題、通往夢想的障礙,然後一個個解決,一步步貼近自己的願望呢?當你努力克服所有困難,有朝一日達到了財務自由的境界,可以享受幸福快樂的人生,你會為自己的付出而感動。

改變行為與習慣並非一蹴可幾,不要心急想要越級打怪,因為越級打怪的下場不是大立就是大廢,困難度太強、壓力太大,很容易讓人直接放棄。你可以先從比較簡單可行的部分著手,循序漸進的步調可以走得比較久、比較遠。

投資理財是一條漫長的道路,過程中就算有些地方失敗了,或是發現自己又重蹈覆轍,重新再開始就可以,誰沒有失敗的經驗呢?總而言之,命運操之在你手中,你能夠掌控自己的命運,只要你願意,沒人能阻止得了你,能阻止你的人,就只有你自己而已。

知易行難,我們這輩子學習好多好多,但是真正落實運用的內容卻極其有限。真摯地期盼你把這些日子以來所做的練習,在生活中知行合一地實踐。期待你有朝一日回首時,發現自己的蛻變,謝謝自己所做的努力。

祝福你成為善良的有錢人,擁有幸福富足的美好人生!

5 分鐘
致富練習

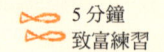

Date：＿＿＿年＿＿＿月＿＿＿日

致富練習 #88 回顧你的發現和改變

恭喜你終於完成這本書裡的所有練習了，接下來你將展開豐盛富足的旅程。過程中會有令人欣喜的成果，但也可能會遇到一些挫折和阻礙。現在就寫下 4 句鼓勵自己的話，把它記在心中，在朝聖的路上支持自己堅定向前邁進，直達目標，實現願望！

後記
打開財富覺知，前往豐盛未來

「人生沒有偶然，只有必然。」你是否曾聽過這句話？出現在我們生命中的所有人事物，冥冥之中都來自緣分的安排。那麼在茫茫書海中，又是什麼樣的緣分，讓你不經意拿起這本書翻閱，並決定買下它呢？

也許是說不上來的原因，就是覺得很新奇、很有趣，想要試試看這些練習；也許是你心中有個致富的夢，想要擁有更多金錢，可以享受輕鬆愜意的生活，帶著家人四處旅遊，過得更幸福快樂；又或是你的經濟狀況不好，常常追著錢跑、也被錢追著跑，活在擔憂恐懼中，希望能改善自己的財務狀況。也許你還不熟悉如何投資理財，或是以前試過的方法有時成功、有時失敗，還沒找出比較穩健的方法。

不管你是基於什麼樣的原因買下這本書，我都要誠摯向你說聲感謝。因為在這不斷向外追求的世界中，我想要寫一

本向內追求、回到內心世界的書,而你接受了我的邀請,踏上了這條內觀、覺察的致富道路。

我並非超級厲害的投資理財大師,但從我開始有覺知、正視自己的問題,並努力去做出改變後,我的人生越來越富足與快樂。我知道這種感覺很幸福,所以期盼更多人也有改變的機會。

基於這樣的心情,我竭盡所能地把自己所知道的全部寫出來。德雷莎修女曾說:「**並不是每個人都能成就偉大的事,但我們可以帶著偉大的愛去做小事。**」撰寫這本書的過程中,我懷抱著感恩的心,以關愛的心情來完成每一個單元,盼望盡一己之力啟發讀者。我已經完成這本書了,接下來就輪到你來練習這些致富的習題,啟程前往豐盛富足的人生。

采實文化 翻轉學

線上讀者回函

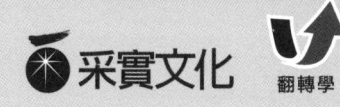

66 則 FQ 心法 × 88 道實踐練習。1 天只須 5 分鐘，日積月累，醞釀複利效應，實現財務自由的目標！

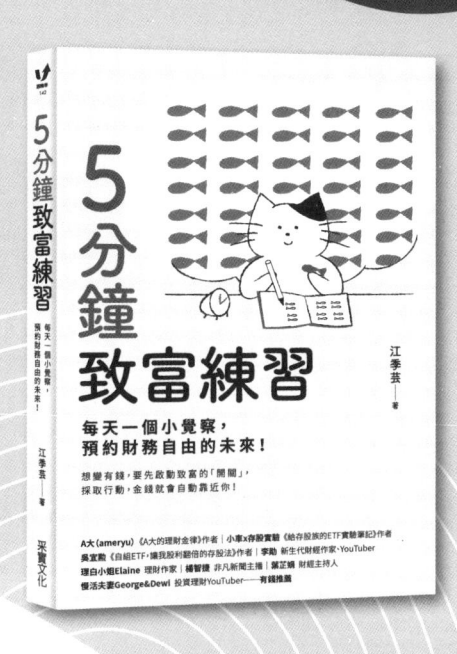

https://bit.ly/37oKZEa

立即掃描 QR Code 或輸入上方網址，

連結采實文化線上讀者回函，

歡迎跟我們分享本書的任何心得與建議。

未來會不定期寄送書訊、活動消息，

並有機會免費參加抽獎活動。采實文化感謝您的支持 ☺

翻轉學 翻轉學系列 142

5分鐘致富練習
每天一個小覺察,預約財務自由的未來!

作　　　　者	江季芸
封　面　設　計	FE設計工作室
內　文　排　版	黃雅芬
主　　　　編	陳如翎
出版二部總編輯	林俊安

出　　版　　者	采實文化事業股份有限公司
業　務　發　行	張世明‧林踏欣‧林坤蓉‧王貞玉
國　際　版　權	劉靜茹
印　務　採　購	曾玉霞‧莊玉鳳
會　計　行　政	李韶婉‧許俽瑀‧張婕莛
法　律　顧　問	第一國際法律事務所　余淑杏律師
電　子　信　箱	acme@acmebook.com.tw
采　實　官　網	www.acmebook.com.tw
采　實　臉　書	www.facebook.com/acmebook01

Ｉ　Ｓ　Ｂ　Ｎ	978-626-349-899-0
定　　　　價	380元
初　版　一　刷	2025年2月
劃　撥　帳　號	50148859
劃　撥　戶　名	采實文化事業股份有限公司
	104台北市中山區南京東路二段95號9樓
	電話:(02)2511-9798　傳真:(02)2571-3298

國家圖書館出版品預行編目資料

5分鐘致富練習:每天一個小覺察,預約財務自由的未來!／
江季芸著.-- 初版.-- 台北市:采實文化事業股份有限公司,
2025.02
288面;14.8×21公分.--（翻轉學系列;142）
ISBN 978-626-349-899-0（平裝）

1.CST: 財務管理　2.CST: 投資　3.CST: 理財
494.7　　　　　　　　　　　　　　　　113020244

采實出版集團
ACME PUBLISHING GROUP

版權所有,未經同意不得
重製、轉載、翻印